情商

决定个人命运的最关键因素

常桦 编著

中国纺织出版社

内 容 提 要

情商不仅是开启心智的钥匙，更是影响个人命运的最关键因素，要做出明智的决定，采取最合理的行动，正确应对变化并最终取得成功，情商不仅是必要的，而且是至关重要的。该书从多方面讲述情商的内涵及重要意义，帮助读者拓宽现有思维方式，掌控自我不良情绪，巧妙应对复杂人际关系，从而在个人生活和事业生涯中获得成功。

图书在版编目(CIP)数据

情商：决定个人命运的最关键因素/ 常桦编著. --北京：中国纺织出版社，2012.9 （2024.4重印）

ISBN 978-7-5064-8746-7

Ⅰ.①情… Ⅱ.①常… Ⅲ.①情商—通俗读物Ⅳ.①B842.6-49

中国版本图书馆 CIP 数据核字(2012)第 124640 号

策划编辑：郝珊珊　　特约编辑：袁　莉　　责任印制：储志伟

中国纺织出版社出版发行

地址：北京东直门南大街 6 号　邮政编码：100027

邮购电话：010—64168110　传真：010—64168231

http://www.c-textilep.com

E-mail：faxing@c-textilep.com

北京兰星球彩色印刷有限公司印刷　各地新华书店经销

2012 年 9 月第 1 版　2024年4月第2次印刷

开本：710×1000　1/16　印张：17

字数：213 千字　定价：76.00 元

序

每个人都渴望成功，但并非每个人都能成功。其中重要的一点，在于是否具备成功者所特有的心理素质。一个缺乏积极心态的人，不会为改变自身的现状而去努力进取；一个自卑的人，不会自信地去迎接各种挑战；一个听任命运摆布的人，更难以激发出自己潜在能力和创造精神。

心理学家指出，在一个人成功的因素中，智商占20%左右，而其性格、情绪、意志、社会适应能力等非智力因素（情商）则占80%左右。事业有成的人大多具有自信、自强、谨慎的品格，有韧性和抗挫折的能力。当然，一些智力平常而又有坚强意志和优良品格的人，也同样能取得惊人的成就。

情商是一个人控制自己和驾驭自己情绪的能力，以及一个人对挫折的承受能力、自我意识能力、自我激励能力、人际关系能力。因此，情商是一种能力。

情商是决定个人成功和幸福的最关键因素。只有了解自己，才能正确地评价自己，生活理想才能切合实际，不脱离周围的现实环境；才能保持人格的完整和谐，并善于从经验中学习；才能保持良好的人际关系，适度地发泄和控制自己的情绪；也才能在符合团队要求的前提下，最大限度地发挥个性，同时在不违背社会规范的前提下，恰当地满足个人的基本需求；才能学会习惯于发现完美的生活，接受自己、别人和现实；才能学会欣赏每个瞬间，热爱生命，相信未来一定会更美好。着眼于未来而活在当下，就会解放精神，放下情感包袱，创造激情、财富和权力。

提升你的情商，可以建立积极的人生观和价值观，获得健康的人生，释放强大的影响力。它有助于我们控制自己的情绪，并且使心态平和，具有坚强的意志品质，主动适应并改造环境，人格健全和统一，以及心理发展符合年龄特征，使我们处处如鱼得水，左右逢源，逢凶化吉。

卡耐基认为：一个人的成功，约有15%取决于知识和技术，85%取决于人际关系。决定一个人能力的高低，不仅仅是智商，更重要的是情商。在实际工作中，交际能力、应变能力和解决问题的能力等，都比智商更能起到决定性的作用。所以，我们要努力提高自己的情商，把自己打造成情商高手。

编者

2012年7月

目录

人类的努力，若以热忱与激情为动力，今天的不可能就可变成明日的事实。激励自我，就是要使自己永远焕发激情和朝气。

情绪是生命的能量表现，各种情绪的存在都有价值。情绪本身不是问题，情绪背后的问题才是真正的问题！不良情

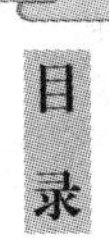

绪与压力是“孪生兄弟”，自己的能力不够、不能解决或是不愿意解决这个问题时，这个问题才会对我们形成一种压力，随之而来的外在表现就是“情绪的变异”。

自信表现为一种自我肯定、自我鼓励、自我强化，坚信自

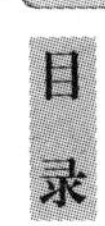

影响力是凭借自己的品德、才能、知识、情感等个人素质对他人所产生的自觉自愿追随的能力。宽容、博爱、微笑、赞美、幽默等优秀的人格品质无疑会缔造你基于情商的影响力。

在生活中，你是否一有压力就烦躁不已？这是情绪在作怪！好情绪可以成就我们的人生，而坏情绪则可能让我们败走麦城。如何调节好自己的情绪，如何学会疏导和激发情绪，如何利用情绪的自我调节来改善与他人的关系？让我们在心理瑜伽师的指导下了解情绪、控制情绪、改变情绪，进而改变你的生活。

我们常有心情低落的时候，这时，有人很快就找到了轻松

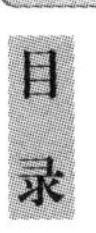

与平静,回到原有的生活之中;有人却很难回得去,在情绪之海里面挣扎,怎么也游不到对岸,常常由于一时冲动而失去一份好工作,或者一直活在不良情绪之中。快乐可以自找,情绪可以管理。如果我们能调整、管理好自己的情绪,笑对职场,就会有色彩斑斓的人生。情绪可以决定你的命运,做好情绪管理关乎你一生的幸福及美满。

第一章 情商是决定命运的关键

传统观点认为，决定人生命运的主要因素是智商。事实上，智商高的人并不一定能获得成功，也不一定能拥有好的命运。情商是震撼人心的人类智能评判的新标准，它主宰人生的80％，而智商至多决定人生的20％。情商，与个人的未来成就及幸福紧密相关。

揭开情商的神秘面纱

情感智商是自我管理情绪的能力,它不是天生注定的。它具体包括情绪的自控性、人际关系的处理能力、挫折的承受力、自我的了解程度,以及对他人的理解与宽容。

随着时代的发展,科学技术和新知识的普及,现代生活迎来了第三次浪潮。如果说第一次浪潮,个人成功更多地凭借勇气和眼光,第二次浪潮,个人成功则依赖于掌握新技术和高效率的工作。那么,在这个信息时代的第三次浪潮前面,成功依靠什么?显然,仅仅依靠智商是远远不够的,它还主要取决于一个人的"情感智商"。

"情感智商"简称"情商",即英文 Emotnal Quotient(EQ),情商的提出是对传统智商(IQ)理论的挑战,也是对"聪明"和"人才"的一种全新的诠释。

长期以来,人们把成功和智力因素的关系神圣化,使得整个教育都是针对智力的教育。然而无数成功者的案例让人们看到他们具有一些共同的非智力因素的特征:清醒的自我认识、稳定的情绪和不屈不挠的勇气等。这些共同的素质,也就是情商。

人们对非智力因素的作用的认识由来已久。中国古代有一句名言:"非不能也,是不为也。"意思是说:不是不会做,而是不肯做。其中"能"是指"会不会",即智力因素;而"为"则是指"肯不肯",即非智力因素。

早在第一次世界大战期间,美国著名心理学家维克斯勒,在对入伍新兵进行"军队个别测验"过程中,发现有些在标准智力测验中失败的新兵,从他们的经历来看,却能胜任所从事的工作,并能适应公民的生活。据此,他认为,智力不能与个性的其他部分割裂开来。

20 世纪 30 年代,美国心理学家亚历山大对智力的传统学说提出了质疑。他做了大量的测验和实验,发现接受智力测验的人,对智力测验的兴趣、克服困难的坚持性以及获得成功的愿望,都有重要的影响。1935 年,他

在其论文《具体智力和抽象智力》中首先提出了“非智力因素”这个概念。但在当时并没有引起人们的过多注意。

后来，维克斯勒在亚历山大的启发下，于1940年也提出了“一般智力中的非智力因素”的问题。1950年，他发表在《美国心理学》杂志的《认识的、先天的和非智力智慧》的论文中阐述了非智力因素这个概念。这时，非智力因素才为世人所公认。

维克斯勒经过多年的理论和实践探索，从智力和智慧行为的心理结构方面，对非智力因素的含义做了这样的概括：从简单到复杂的各种智力因素水平都反映了非智力因素的作用；非智力因素是智慧行为的必要组成部分；非智力因素不能代替智力因素的各种基本能力，但对智力起着制约作用。

心理学家使用的非智力因素这个概念有广义和狭义之分。广义的非智力因素包括智力以外的心理因素、环境因素、生理因素以及道德品质等。狭义的非智力因素则指那些不直接参与认识过程，但对认识过程起直接制约作用的心理因素，主要包括：动机、兴趣、情感、意志、气质和性格等。

非智力因素不直接参与认识过程，就是说在认识过程中非智力因素不直接承担对机体内外信息的接收、加工、处理等任务。非智力因素对认识过程的直接制约表现在它对认识过程的动力作用和调节作用。在心理学研究中所涉及的非智力因素概念是相对于智力因素而言的，故多指狭义的非智力因素。

现代心理学的研究表明，一个人的成功，20%依赖于智力因素，即智商水平的高低，其余80%都依赖于非智力因素。其中，非智力因素中最关键的是“情绪智力因素”。1991年，美国耶鲁大学心理学家彼德·塞拉维和新罕布什尔大学的约翰·梅耶首创了“情绪智力”这一术语，用来描述了解和控制情绪、揣摩以及驾驶他人情绪的移情作用，通过情绪控制来提高生活质量一类的才能。其实，“情绪智力”的概念提出是秉承早在20世纪30年代亚历山大提出的“非智力因素”。

只是在提出这个概念之前，心理学家们把人的智慧活动分为“智力因

素”和“非智力因素”笼统的两大类。而且，“非智力因素”是相对智力因素而言的。在很大程度上，“非智力因素”的定义是指那些除了感知、记忆、思维和想象等智力因素以外的其他因素。但“非智力因素”本身是否是一个可以独立定义的东西，或者它是否可以从理论上用一个概念来归纳和限定它？可以说，“情绪智力”概念的揭示使这个问题迎刃而解，相对于智力的其他因素可以成为“情绪智力因素”；并且，比照着“智商”（IQ）的概念，这个新的术语也被称为“情商”（EQ）。

不久，彼德·塞拉维和约翰·梅耶研究又发现，情商早期的定义，在某种意义上仅仅论及对情绪的知觉调节，却忽略了对情绪的思维，显得单薄，所以有必要对先前的定义作进一步的修改和补充。修订后的情商内涵应包括以下四大技能：

1. **觉察、评价和表达情绪的能力**。包括从自己的生理状态、情绪体验和思维中辨别情绪的能力；通过语言、声音、仪表和行为从他人、艺术作品、各种设计中辨认情绪的能力；准确地表达情绪及与这些情绪相关需要的能力；区分情绪表达中的准确性和真实性的能力。

2. **情绪促进思维过程的能力**。包括影响信息注意方向的能力；促进与情绪有关的判断和记忆过程产生的能力；促使个体从多个角度进行思考的能力；对特定的问题解决的促进能力。

3. **理解情绪与情绪知识的能力**。包括给情绪贴上标签，认识情绪本身与语言表达之间关系的能力；理解情绪所传达意义的能力；理解复杂心情的能力；认识情绪转换可能性的能力。

4. **调节情绪以助情绪和智力发展的能力**。包括以开放的心情接受各种情绪的能力；根据所获知的信息与判断成熟地进入或摆脱某种情绪的能力；成熟地监察与自己和他人有关的情绪的能力；管理自己与他人情绪的能力。

虽然关于情商的定义还存在一些争议和分歧，但有四点是明确的，具体如下：

（1）情商是指情绪控制的能力或情绪智力的高低，虽然它不一定适用用

数值尺度来测量，但仍然可以通过一些科学方法来了解。

(2)情商与智商不是对立的，有的人有幸既有较高的智商又有较高的情商，有的人只有其中之一。

(3)在预测人的成功时，了解情绪智力比通过智商测试以及其他标准化成就测试测量出来的人的智力水平更有价值。

(4)可以采取适当的方法来训练和提高人们的情绪调节能力，使情绪因素有利于提高工作效率，有助于个人成功。

情商是衡量一个人情绪智力高低的一个指标。人们的情绪智力，指的是一个人控制自己情绪以及揣摩、察觉和驾驭别人情绪的能力，以及面对压抑情景的挫折承受能力与应变能力。

"情商"与智力的概念不同，如果把智力看做是一种潜在的智慧能量的话，那么，"情商"将是唤醒这些潜在能量的笛声。现在科学研究成果表明，人类具有巨大的智慧潜能。就人脑的记忆储存量来讲，有些学者认为正常人脑的储存量可达几千万亿比特；有的专家则认为，人脑的信息储存量大约相当于5亿册图书的信息，这个数字相当于美国国会图书馆藏书量的50倍。美国心理学家詹姆士认为，一般人只运用了其总体智慧的10%。而奥托则干脆认为，一个人表现出来的智慧只占他全部智慧潜能的4%，甚至那些成就卓著的科学家，他们运用的智慧，也不超过他们全部智慧潜能的10%。

心理学家研究表明，如果人们迫使自己运用自己智慧潜能的一半，就可以轻而易举地学会40~50种语言，将一部大英百科全书背得滚瓜烂熟，并顺利地学完数十所大学的博士课程。这些对人类智慧潜能的估量使一般人难以置信。为此，美国心理学家卢果感叹道："我们最大的悲剧不是恐怖的地震、连年的战争，甚至不是原子弹投向日本广岛，而是千千万万的人们活着然后死亡，却从未意识到存在于他们自身的未开发的巨大潜能。如此之多的现代人，其生活中心竟然只是生活的安全、食物的充足，以及电视和卡通片的感官刺激。我等芸芸众生却不知道自己究竟是什么人，或可以成为什么人；如此之多的吾辈尚未经历足够的心理和社会诞生，却已经衰老死亡。"

而妨碍人们充分发挥出自己大脑智慧潜能的不是“智力水平”的高低，而恰恰是情绪因素。懒惰、缺乏自信和得过且过使我们心中的巨人长久地蛰伏沉睡着，“情商”概念的出现，使人类第一次能够审视自己的潜质，并能够找到唤醒心中巨人的“法宝”。

总的来讲，情商主要是指人在情绪、情感、意志、耐受挫折等方面的品质。人与人之间的情商并无明显的先天差别，更多的与后天的培养息息相关。

情商的内涵

1995 年，美国行为与脑科学专家、哈佛大学教授丹尼尔·戈尔曼出版了一本新书《情绪智力》。此书一出版，就在美国社会掀起轩然大波。各个阶层，各个领域，从大公司的高级白领，到流落街头的失业青年，都在谈论、关注一个崭新的概念——情商。

戈尔曼的《情绪智力》一书共分为以下五个部分：

第一部分，情绪中枢。提出了脑部情绪结构的新发现，试图解释情绪影响理智的规律。书中就大脑在人们喜、怒、哀、乐等情绪发生时的状态做了剖析，以此来说明不恰当的学习经验如何导致难以抑制的情绪习惯，以及如何才能克制不恰当的冲动。其中最重要的是，通过神经科学的研究进展，来反映塑造下一代情绪经验的窗口。

第二部分，全书的重点，题目为“EQ 的涵义”。这一部分旨在探讨先天的神经结构如何影响人的情绪反应。戈尔曼在此将智力一词做了新的扩充解释，而其中的 EQ 则被认为是人们最重要的生存能力。

第三部分，EQ 的应用。指出了 EQ 的影响遍及生活的各个层面，不仅与人际关系的和谐与否关系密切，而且随着新的市场力量使职业要求发生改变，高人一筹的情绪能力更成为取得成功的关键。同时戈尔曼还指出，消极的情绪反应对健康的危害更甚于吸烟，而情绪的平衡则是确保健康与幸

福的诀窍。

第四部分,改变的契机。探讨的是儿童时期的情绪训练和习惯的养成,可以成为塑造高EQ品质的重要基础。由此说明童年和青春期是奠定情绪根基的关键期,对人的一生都会造成深远的影响。

第五部分,主要针对那些在成长过程中EQ没有得到适当培养的人们,探讨他们可能面临的阻碍,包括抑郁、暴力行为、饮食失常、药物依赖等问题。同时还介绍了一些率先实施情绪教育的学校。

戈尔曼的《情绪智力》也提出一些让人担忧的统计数据,如某大型研究机构发现一个全球化的普遍趋势:现代儿童的情绪比上一代严重。这一代孩子比较孤单、抑郁、易怒、任性、容易紧张、焦怒、冲动以及好斗等。

戈尔曼的《情绪智力》的魅力在于阐述了一个发人深省的新概念:情商。

同时,戈尔曼还继承了塞拉维与梅耶的观点,从全新的角度定义情商:认识自己的情绪、管理自己的情绪、激励自我、认知他人的情绪、处理人际关系等。

(1)认识自己的情绪,就是能认识自己的感觉、情绪、情感、动机、性格、欲望和基本的价值取向等,并以此作为行动的依据。不了解自身真实感受的人必然沦为感觉的奴隶,反之则成为生活的主宰。

(2)管理自己的情绪,是指对自己的快乐、愤怒、恐惧、爱、惊讶、厌恶、悲伤、焦虑等体验能够自我认识、自我协调。有人发现,当自己的情绪不佳时,可以用下列方法帮助调整情绪:①正确查明使自己心烦的问题是什么;②找出问题的原因;③进行一些建设性行动。

这种方式可使人在情绪低落时自我安慰、摆脱焦虑和不安,尽快走出生命的低潮,重新出发。

(3)激励自我,是指面对自己想实现的目标,随时地进行自我鞭策、自我说服,始终保持高度热忱、专注和自制。保持高度热忱是成就的动力,但成就事业需要有对情感的自制力——克服冲动与延迟满足。

(4)认知他人的情绪,是指对他人的各种感受,能“设身处地”地、快速地

进行直觉判断。了解他人的情绪、性情、动机、欲望等,并能做出适度的反应。在人际交往中,能从对方的语言及其语调、语气和表情、手势、姿势等来判断他人真实性的情绪和情感。

(5)处理人际关系,是指调控他人情绪的技巧。人际关系是管理他人情绪的艺术,一个人的人缘、领导能力、人际和谐程度都与这种能力有关。充分掌握这项能力的人常常是社会上的佼佼者。他们常能使智商高于自己的人为自己的事业效力。人际关系协调者,容易认识人而且善解人意,善于从别人的表情来判断其内心感受,善于体察其动机想法。这种能力的具备,容易使其与任何人相处愉悦自在,这种人能充任集体感情的代言人,引导群体走向共同目标。

我国的情商专家研究认为,构成情商的表现包括以下五个部分:

1. **自我意识**。在一种情绪刚露头时就辨识出来的能力是情商的基础。自我意识的培养有赖于仔细聆听“躯体标志”,即潜藏在身体内层的感受。而这种感受发生时,人们不一定觉察得到。如在天性怕老鼠的人身上装上传感器,然后再给他们看一张老鼠的照片,就能探测到汗,这表明他已经出现焦虑和恐惧情绪;而与此同时,接受实验的人可能声称他根本就没有感到害怕。通过有意识地努力,我们就能更敏锐地辨识自己的情绪。如某人在经历一场激烈冲突后,接连几个小时都神态失常。他自己可能不知道,直到别人提醒才大吃一惊。但是,如果他早点察觉,就可以扭转这种状况。因此,情绪自察是情商的基础。

2. **自我激励**。良好的动机是博取成功的最有效的武器。它可以把一个人的兴趣、热情和自信统统调动起来产生“整体效应”。对奥林匹克运动员、世界级音乐家和棋类大师的研究表明,他们的共同特征是善于激励自己去坚持极为艰苦的常规训练。

3. **情绪控制**。人每天生活中的情绪免不了会出现好情绪和坏情绪。这也使得每天的日子变得丰富多彩,并有助于塑造人的个性心理品质。但关键是要看如何保持情绪的平衡。人在冲动时可能会失去对情绪的控制。然而，一种情绪延续多久，却取决于自己。美国心理学家丹尼·苔丝对400名男、女调查过他们摆脱不良情绪的办法，提出了如下忠告：

怎样才能平息怒气？有种甚为流行的说法是：发泄会使你好受些，但事实上，这是一种最坏的方式，它启动了脑兴奋系统，增加而不是减少了你的气恼。

比较有效的策略是"重建"，即有意识地用建设性的态度对情况重新解释。单独外出"冷静"也是消除怒气的好办法，尤其当你的思路理不清的时候。苔丝发现相当一部分男人采取猛开一阵汽车的方法。她认为比较安全的方法是运动，例如，散步。不管你做什么，都不要继续思索使你伤脑筋的问题，而是要尽量从这个问题上"分心"。

除平息气恼以外，"重建"和"分心"策略还能减轻沮丧和焦虑，再加上"深呼吸"和"沉思"（即集中思绪于某一令人愉快的环境）一类放松的技巧，你就有了对付不良情绪的圈套方法。

4. **人际沟通**。了解他人感受的能力，在工作、恋爱、交友和家庭生活中都极为重要。人们通过细微、有时难以察觉的"信号"来彼此传递和获取信息。如有人说"谢谢你"，由于方式不同，你的感觉既可能是真心实意的感激，又可能是傲慢地被打发走。研究表明，我们越是善于体察别人交际信号背后的情绪，也就越能善于控制本人发出的信号。

心理学家罗伯特·凯利和珍妮特·卡普兰对贝尔实验室工作人员的追踪研究，很能说明人际交往的重要性。进这个实验室的工程师和科学家的学识智商都很高，然而过一段时间后，一些人已经成绩斐然，另一些人却黯然失色。为什么会出现这种不同呢？答案是前一种人有广泛的交际网，而后一种人没有。当后者遇到技术难题时，他们很难跟不同领域的专家联系、请教，浪费了时间还往往得不到好结果。而前者很少遇到这种情况，因为他们在这之前就建立了可靠的"网络"，需要某个方面的信息，只要打个电话就能马上得到回音。

5. **挫折承受能力**。对失败的承受能力也是情商的一个重要内容。无论在工作、生活还是学习中，失败的机会总是比成功要多。乐观、豁达的人往

往把失败归因于可以驾驭的因素，从每次失败中都能积累经验、吸取教训；反之，消沉、萎靡的人则更容易把失败归因于不可控制的因素或素质性因素。如同样是投资失败，乐观的归因可能是：这次我缺乏经验，下次一定能赚回来。或：我努力不够，有些信息被我忽视了。悲观的归因可能是：我根本不适合做这件事。或：我做这些事总是运气不好，下次要选个好日子。显然，对乐观者来说，挫折承受能力更强。

生活和工作中可能遇到的挫折很多，特别是做推销工作，失败是一种常见的挫折。而其他一些种类的挫折，如意外事故、亲人过世、疾病浸染等。这些挫折既可以使一个人彻底消沉、忧郁下去，从此一蹶不振，也可能激发一个人的潜力。

不论是成功者还是失败者，他们与自己的对手相比，胜利者具备了一个共同的素质：自信、主动、情绪稳定、能控制自己、喜欢同别人交流。这就是成功人士的支点——情商。

情商是一种能力，是一种准确觉察、评价和表达情绪的能力，一种接近并产生感情，以促进思维的能力，一种调节情绪，以帮助情绪和智力发展的能力，这种能力的运用就是一门艺术。

为什么有的人智商很高，却不能成功，而有的人智力平平，却能获得成功？这是因为不能成功的人缘于这种人的情商比较低。尽管他有很好的判断力，也知道事情该怎么做，却控制不住自己的情绪，因此一切只能落空。有的人虽然智力平平，但由于他情商比较高，善于了解自己、认识他人、协调人际关系，而且有不屈不挠的精神，他便取得了成功。

美国的一份研究报告指出：一些人无法正常展开工作，其重要原因是人际关系紧张，而不是“计划有误”等技术问题。对美国及欧洲大企业总裁调查之后，列出管理人员九大致命缺陷，它们大多与个人“情绪素养”有关。如工作关系处理不好，太武断，野心勃勃，常与上级发生冲突等。调查认为：与在社交方面交往不灵、性格孤僻的天才相比，那些良好的合作者和善于与同事相处的员工，更可能得到为达到自己的目标所需要的合作。

美国心理学家奥列佛·温德尔·荷尔姆斯以情商为标准，对美国历史上诸位总统进行了分析，他认为：富兰克林·罗斯福是个二流智商、一流情商的政治家，但他被公认为是美国历史上的卓越领导人。而尼克松总统拥有一流的智商，但情商却一团糟，故而黯然下台。研究结果显示，智商决定人生的 20%，情商主宰人生的 80%。由此可见，情商与智商相比，它在更大程度上决定了一个人的婚姻、工作和整个人际关系处理的好坏程度，甚至影响事业的成功与否。

情商是决定命运的力量

情商是一个人命运中的决定性因素，成功者并不是那些满腹经纶却不通世故的人，而是那些能调动自己情绪的高情商者。

智商是指智力测试的商数，也就是说，用你的智力年龄除以你的实际年龄，再乘以 100，通常认为，智商在 80～120 属于正常，智商在 120 以上属于超常，80 以下属于弱智。最初开展智力测验的科学家是想利用它来识别儿童的智力障碍，以免延误治疗，后来事情的发展远远超出他们的初衷。很多人认为，智商高低是一个人聪明与否的标志，一个高智商的人就意味着成功，意味着前程似锦。对于众多望子成龙的父母来说，期望孩子拥有高智商似乎成了压倒一切的大事。

现实生活中，人们可能会有这样的发现：有的孩子非常聪明活泼，但考试成绩却总不尽如人意。有的孩子学习成绩很好，但也许一生并无大的成就。那么究竟怎样评价他们的智力水平呢？其实在学术上对智力并没有定论，正是对智力的不同认识和看法才导致了衡量标准的多样化。有人认为，智力是学习知识的能力，于是能考高分的孩子常被认为是高智力的；也有人认为，智力是通过智商测试所反应的结果，于是智商就成为衡量一个人聪明与否的标志。实际上，智商就像衡量智力水平的一把尺子，但这把尺子是有缺陷的。智商是对一定的人群按统计学方法得出的智力商数，它与智力有

一定的关系,但却不等于智力水平。这是因为智商测量结果在一定程度上反应了儿童的智力,但绝不是全部。我们一般所指的智商实际上只是学习知识时所显示出来的学习能力,可谓之"学业智商"。然而随着个体学业结束进入工作领域,取而代之的评价标准是"创造力"。另外,智力测试通常由三部分内容组成,即语言、数字和图像。然而智力的全部内涵要远远超出这儿项,它包括记忆力、敏感性、逻辑推理能力、分析能力、归类能力、观察力等。哈佛大学教授嘉纳认为,人有音乐、语言、空间、数学、运动、人际关系、个人心理调节等7种智能。目前的智力测验是不可能全部测试出来的。再说,测定智商的人必须经过培训,因为智商的测定对环境的要求非常严格。国外测智商时甚至对光线、室内陈设、温度等都有严格的要求。另外,测评人员指导语的速度、声调都可能对被测人产生影响。因此,智商测定绝不是任何人在任何环境条件下都可以进行的。

在我国,智力超常儿童和迟滞儿童都只占人群的极少部分,两者相加也不足10%,而90%以上的儿童都属于智力的正常范围。关键看后天环境的影响和教育。因此,家长们不必过分关注智商测试的结果,更何况如今很多智商测试本身就缺乏科学性和严肃性。一些人没有经过专业培训和指导就到处给儿童测评,使测智商等同于测身高、体重一样的泛滥起来,其结果是给测试者带来了危害。如一个原本智商中等的人被测成高智商,学生和家长就有可能对教师产生埋怨情绪,同时还会导致家长给学生在课业上加码,使学生出现厌学,甚至离家出走的现象。反之,一个孩子一旦被戴上弱智的帽子,就可能在同学和老师面前抬不起头来,以至形成自卑心理。2~15岁儿童正处于成长发育的"镜像自我"认知阶段,他们要通过他人的反应来认识判断自我,因此千万不要对孩子的智力下总结性结论。专家们认为,测智商只是对那些疑似超常化、弱智儿或心理有问题的儿童才适用,一般人不必测智商。

智商是变化的,一个人的智商水平只能说明他此时此刻的智力状态,而不能把智商值作为预测将来智力的指南。事实证明,智商与遗传有关,但后天的努力更为重要。许多小时候被视为神童的孩子,如今何在?这关键在

于我们正确理解智商的内涵。青少年儿童的智力在不断地发展变化，用一次几十分钟的测试来对孩子的前途下结论是有害无益的。事实上，一个人将来在社会上能否成功与他的智商并不成正比关系。心理学家认为，要使孩子获得高智商，关键是如何施教，教育得法，环境适宜，才能使你的孩子变成“天才”。

情商的差异

人的情商是存在差异的，而情商似乎比智力商数对人的成功具有更大的影响。20 世纪 80 年代中期，美国宾夕法尼亚大学心理学家马丁·赛里格曼曾对某保险公司的推销员进行“在人的成功中乐观的重要性”的实验，前后对 15000 名新员工进行两次测试，第一次是保险公司的常规甄别测试，另一次是赛里格曼设计的乐观程度测试。结果显示：取得“超级乐观主义者”成绩的推销员，第一年比“一般悲观主义者”的推销额高出 21%，第二年高出 57%。由此可见，一个具有自信和乐观精神的人往往比缺乏自信或悲观失望的人更容易取得成功。

尽管情商的理论在学术界还有较大的争议，其测验方法也有待于完善。但是，在实践中不难发现，一个具有良好情感的人，比情绪经常不稳的人，其成功的概率要高得多。一个人的情商虽然具有先天的遗传因素，但更多的是在社会生活中所形成的后天因素。因此，它是可以培养与改变的。父母应重视子女的情商，而不应该一味地盲目地满足他们的需要，其结果往往是使这些孩子的情商低下，难以适应今后社会发展的要求，更难以成才；成年人也应重视自身情商的培养，通过社会实践的磨炼，提高自身的情商，从而为自身事业的成功创造必要条件。

每一个想在事业上获得成功的人，既要重视自身的智力开发与能力的提高，也要注意自己情商的培养。情商和智商一样可以测量与评定，加拿大已经推出从 15 个方面来进行测试情商的量表，其中包括：认识自我思想情感

的能力、尊重和接受自我的能力、给予和接受情感的能力、理解他人情感的能力、建立人际关系的能力、发现和解决问题的能力、评估经验和现实一致性的能力、承受与应变的能力、控制冲动的能力等。

俗语说:吃一堑,长一智。即受到一次挫折,应得到一次教训,以增长自己的情绪商数。

情商在不同的工作岗位上的要求是不同的,如果你从事的是单独的与物打交道的职业,例如,技术工作、财会工作、手工艺、音乐、绘画等,智力因素占有较大比重,而情商因素则主要是解决智力水平的发挥问题,相对影响较小;而对于一个在人群活动中的人,要与周围的人交往,情商因素对成功与否影响颇大。

在第二次世界大战中,当时有不少美女充当间谍,她们中的大部分人并无多少学识,但都是高情商的人,其对自身情绪的控制,以及对他人情绪的了解、掌握与控制,均达到了十分完美的程度,从而使那些虽然经过严格训练的机要工作者与"大人物",纷纷投入她们的陷阱。近年来,世界各国的女企业家的比例不断上升,除了男女平等观念的提高以外,女性在情商方面比男性要高,也是女性成功的一个重要因素。

情商的开发

智商只为个人成功提供了一种潜力,而情商却制约着智商发挥的程度和限度。

许多事例表明情商能为成才主体提供良好的生理前提。生理素质是主体进行成才活动的前提和基础,对主体成才活动起促进或延缓作用。情商的重要品质之一就是具备控制自己情绪的能力,这种能力越高,主体越能及时地摆脱焦虑、愤怒、抑郁、悲痛等不良情绪,保持冷静、乐观、热情、开朗等积极的心境。心理医学研究表明:在积极的情绪下,人的中枢神经处于最佳功能状态,人体的内脏及内分泌处于平衡状态,整个躯体协调,充满活力,能

为我们的神经系统充填新的力量，充分发挥有机体的潜能，提高脑力劳动的效率和耐久力。相反长期处在不良情绪下，往往会引起人体病变，引发疾病，延缓、阻碍成才活动。

情商是成才活动的动力机制，情商的核心动力——自我激励的能力，就是主体善于激发活动的动机。良好的动机是成才活动的内在动力，它可以把兴趣、自信、乐观、热情等情绪因素调动起来，发挥“整体效应”，形成内部动力机制，对成才活动起发动、加强、维持的内驱力作用。如兴趣能内在地驱使主体从事喜好、有趣、创新的活动，激发钻研、探索、追求和成功的欲望，而且将这种活动维持在最优的状态。自信往往表现为对自己的肯定，坚信自己一定能成功的情绪素养，主体可以通过自我鼓励、自我强化，不断地战胜成才活动中的困难。

情商是思维活动的“激发器”。心理学家认为，愉快而稳定的情绪有利于调节脑细胞的兴奋和血液循环，能使人的大脑处于最佳活动状态，思路开阔，思维敏捷，解决问题迅速，灵感也容易出现，人的潜能得到充分发挥，智力活动效率提高。而在消极情绪下，意识变得狭窄，判断力、理解力降低，思维阻塞，甚至中断思维。同时，对情绪的自我认知感觉能力可以培养人们对直觉的自知力。直觉是创造性思维活动的基本形式之一，它使主体能敏锐地觉察到事物之间的本质联系，提出独特的见解和科学的预见，对创造性活动，尤其是科学研究有着重大作用。

情商是成才活动的“支撑柱”。在成才活动中，会遇到许多困难和阻力，这需要情商的“支撑柱”作用。情商的控制冲动能力越高，人越能忍受挫折，承受压力，意志更坚强。当遭遇挫折、失败时，情商低的人自卑、自责、灰心丧气，甚至放弃成才活动；而情商高的人则能冷静、客观地分析失败原因，找出问题的症结，吸取教训，坚定成功的信念，在积极的情绪状态下进一步实施成才活动。

此外，情商还向我们提供了一种调节人际关系的能力，这对成才活动也是大有裨益的。个体的成才活动离不开其他个体的协作和支持，具备了较

强的人际交往能力，才容易得到为达到活动目标所必需的帮助和合作。

智商和情商都是成才必不可缺的因素，并且开发智商、情商应是人才开发互相联系、互相制约的两个方面。智商受遗传基因、先天条件的影响，后天的开发受到一定的局限，而情商则完全受后天的决定，它可以通过不断地训练、培养而获得丰富的经验。那么应如何科学地开发情商呢？

家庭应注意对孩子的情商启蒙教育。家庭教育要走出重视孩子身体、智力发展而轻视心理发展的误区，从幼儿开始就注重开发孩子的“情商”，培养孩子的健康心理，在孩子听故事、看电视、做游戏、阅读、锻炼、户外活动、谈话等活动中有意识地进行情商教育、引导、训练，使孩子能初步获得情绪经验，培养起坚毅、乐观、勇敢、自信、热情等积极情绪的萌芽。同时，父母要为孩子营造一个自由、平等、宽松、愉快的家庭环境氛围，否则孩子会神经紧张、恐惧、冷漠，甚至产生心理障碍，阻碍情商、智商的开发。

学校对学生的情商工程教育。学校教育应该纠正应试教育偏重学生逻辑——认知智商的发展而忽视情感——体验层面的情商能力教育的弊端，把情商开发作为素质教育的重要内容。学校应有目的、有计划地对学生进行情商教育、训练，如对学生进行挫折心理训练、忍耐力训练；注意培养、引导学生的兴趣，运用目标激励、效果激励等手段来强化自我激励能力；培养学生集体团结、协作精神以及人际交往能力；引导学生认知自己的情绪反应并教给他们控制情绪的技能。通过一系列教育、培养和训练，使学生通过不断地学习和调适，努力提高自己对情商的主动性和自觉性，并建立起良好的心理机制。

社会大众传媒要对情商开发进行持续、系统、有效地引导，使人们积极地关注自己的情商，主动提高自己的情商。社会还要提供一定的心理咨询服务机构，帮助人们消除心理、情绪障碍，保持心理健康。

对个体来说，积极地开发自己的情商要做到以下两点：

1. **健全自己的认知能力**。首先，要健全自我认知能力。对自己的性格、气质、兴趣等心理倾向以及自己在集体中的位置与作用，自己与周围人相处的关系要有一个客观、正确地认识，即健康的自我意识。其次，要正确地认识他人和社会，学会与他人融洽相处，培养与他人的协作精神。另外，在认识过程中追求乐观、自信、热情、冷静、勇气等积极情绪，并根据社会变化，不断地调适自己的需要、动机、理想，积极主动地适应社会。

2. **强化自我调控能力**。首先，要对不良情绪进行调控。当自己意识到自己出现愤怒、狂喜、悲伤、忧愁、恐惧等不良情绪时，要立即进行调适，如用意识调节法、语言调节法、注意转移法、行动转移法、适当宣泄法等方法来摆脱不良情绪，保持一个健康、稳定、平和的心态。其次，在进行某项活动时要善于调动兴趣、自信、乐观、热情等情绪因子来激发自己的动机。这些情绪的产生和消失、起伏和变换，时刻控制、改变着人的行为的动机状态，直接影响着人的行为方向和行为方式。因此，要有意强化这些情绪因子，用活动目标、结果和自身内在需要的满足，如理想、信仰、荣誉感、成功感等来激励自己。最后，要坚定自己的意志。当实现目标过程中遇到困难和挫折时，要控制自己的情绪冲动，如畏难、丧失勇气、自卑自责、试图放弃活动等否定性的情绪冲动，用坚强的意志、乐观的情绪来支撑活动目标的成功实现。

第二章
情商的核心是自我意识

拿破仑·希尔认为：一切的成就，一切的财富，都始于一个意念。这个意念指的就是自我意识。自我意识是认识的一种特殊形式，是个体对自我的认识，或者说是对自我及周围人的关系的认识。

认识自我，发掘潜能

在古希腊帕尔纳索斯山的神庙上刻着这样一句话:“认识你自己。”它说明了认识自己的重要性,这句话后来成为哲学家、教育家们立说育人的亘古不变的命题。

认识应该是你选择来的,你必须了解自己的选择。如果你对自我和对世界的认识不是你自己选择来的,而是完全由别的东西所决定的,那么就很难帮助我们解决心底的困扰和冲突。问题的关键是我们要获得对自己的一个清晰和稳定的认识,这个认识将帮助我们认清自己的心灵和身外这个纷繁复杂的世界。

究竟什么能使一个人成功呢?你可能会说,你的人生不取决于自己的心态,而是被自己不能选择也不能控制的处境和力量所影响。你时常会说“没办法,命不好,没有背景和关系”等。你的这种表现只是当今社会的一个缩影。事实上,当今社会还存在着许许多多像你这样的人,他们总是把自己的成功寄托在社会背景、家庭关系、机遇上。这种思想是一种典型的消极和自我意识,给他们带来的后果只能是自卑,不能正确地认识自己,没有积极的自我意识,因而也就不能发现自己的优缺点。

其实,机遇到底从何而来?它不会从天而降,而是从积极的自我意识为核心的积极心态、成功心理带来的。

英国大作家、社会活动家萧伯纳说得好:“人们总是把自己的处境归咎于命运。我不相信命运。出人头地的人都是主动寻找自己所企求的命运;如果找不到,他们就去创造运气和机会。”

1994 年,心理学家日莫曼提出了著名的关于自我意识和自我监控“WH-WW”结构。其中“WHWW”分别是“Why”(为什么)、“How”(怎么样)、“What”(是什么)、“Where”(在哪里)的第一个字母。日莫曼认为,与人的任何活动一样，自我意识和自我监控也可以从为什么、怎么样、是什么和在哪里这四个基本问题上来进行分析。

在“为什么”的问题上，自我意识和自我监控的内容就是动机，所解决的任务是对是否参与进行决策，体现了个体内部自愿的特征属性。

在“怎么样”的问题上，自我意识和自我监控的内容是方法、策略，所解决的任务是对方法、策略进行决策，体现了个体计划与设计的属性。

在“是什么”的问题上，自我意识和自我监控的内容是结果、目标，所解决的任务是对取得什么样的结果和达到什么样的目标进行决策，体现了个体自我觉察的特征属性。

在“在哪里”的问题上，自我意识和自我监控的内容是情境因素，所解决的问题是对情境中的物理因素（如时间材料及其性质）和社会因素（如成人、同伴的帮助）进行决策和控制，体现了个体敏锐与多智的特征属性。可见，按照日莫曼的“WHWW”结构，自我意识和自我监控具有动机自我意识监控、方法自我意识监控、结果自我意识监控和环境自我意识监控的四维结构。一个情绪化严重的现代青年，他可能具有高智商，可如果他在“为什么”这个维度上存在缺陷，也就是说，他缺乏成功的动机，那么，将很难开发出他智慧的潜能。同样，在“怎么样”的问题上存在缺陷的现代人，可能整天忙忙碌碌，却总是事倍功半；而在“是什么”维度上不健全的人则不能合理地估量和揣度事情的结果和结果对他的人生的意义，这样的话，成功就容易与他失之交臂；至于在“在哪里”的问题上遇到麻烦的人士，他对社会环境以及自己在环境中的位置缺乏清晰的认识，不是高估，就是低估自己，从而导致自负或自卑的消极情绪。

美国成功学的主要创立者拿破仑·希尔有句名言：“一切的成就，一切的财富，都始于一个意念。”这个意念指的就是自我意识。自我意识是认识的一种特殊形式，是个体对自我的认识，或者说是对自我及周围人的关系的认识。

自我意识是一个人对自己的认识、评价和期望，也就是对自己的心理体验。自我意识包括期望自己成为什么样的人？自己达到什么样的目标？个

人在对自己充分认识的基础上，对自己一生的规划。每一个渴望成功的人士，都应问一问自己的 WHWW，三思而后行，方能立于不败之地。

积极思维与自我意识

思维的态度决定人生的高度，这是一个亘古不变的人生命题。一个玻璃杯，装了半杯水，积极的人说玻璃杯是半满的，而消极的人则会说玻璃杯是半空的。

所罗门说："他的心怎样思量，他的为人就是怎样。"这就是说，人们相信会有什么结果，就可能是什么结果，人不可能取得他自己并不追求的成就。

苏埃尔·皮科克说："成功人士的首要标志，是他思考问题的方法。一个人如果是个积极的思维者，实行积极思维，喜欢接受挑战和应付麻烦事，那他就成功了一半。"成功人士始终用最积极的思考，积极主动地认识自我，用最乐观的精神和最辉煌的经验支配和控制自己的人生。

一个人所处的地位与环境并不能确保他的将来，他必须首先在自己的心中决定自己是否想得到它，自己有没有信心去得到它。有了这样的决定和认识，获取幸福的未来就并非难事。

人生如戏。用一种乐观的态度和用一种悲观的态度去看同一场戏，所得出的结果截然不同。许多人认为，有些人生来是乐观的或悲观的，江山易改，秉性难移，要培养一种积极的思维非常难。诚然，人的性格倾向难以扭转，但并非不能改变。**下面的一些原则可以帮助你去积极地认识自我。**

1. **自信地认为自己是一个强者。**美国亿万富翁、工业家安德鲁·卡内说过："一个对自己的内心有完全支配能力的人，对他自己有权获得的任何其他东西也会有支配能力。"当我们开始用积极的方式思维并把自己看成成功者时，我们就开始成功了。

2. **谁想收获成功的人生，谁就要当个好农民。**我们绝不能仅仅播下几粒积极乐观的种子，然后指望不劳而获。我们必须给这些种子浇水，给幼苗培土施肥。要是疏忽这些，消极思维的野草就会丛生，夺去土壤的养分，直到使庄稼枯死。

3. **照看好生机勃勃的庄稼，别给野草浇水。**正如《圣经》中所说的："凡是真实的、可敬的、公平的、清洁的、可爱的、有美名的，若有什么德行，若有什么称赞，这些事你们都要考虑。"

4. **所为如你欲所为。**许多人总是等到自己有了一种积极的感受再去付诸行动，这些人在本末倒置。积极行动会导致积极思维，而积极思维会导致积极的人生态度。态度是紧跟行动的，如果一个人从一种消极的心境开始，等待着感觉把自己带向行动，那他就永远成不了他想做的积极思维者。

5. **尊重别人，关怀别人。**我们生活在一个快节奏的世界里，大多数人来去匆匆，一心想着要完成的任务，他们往往疏于腾出时间与他们所接触到的人谈谈心。

如果你能够这样做，并以积极的方式给他们全面的关怀，就会对他们产生很好的结果。你会使他们的人生更有价值，他们也会给予你丰厚的报答。

6. **用积极的态度去影响别人。**随着你的行动与思维日渐积极，你就会慢慢地获得一种美满人生的感觉，信心日增。紧接着，别人会被你吸引，因为人们总是喜欢与积极乐观的人在一起。运用别人的这种积极响应来发展积极的关系，同时帮助别人获得这种积极的态度。

7. **使你遇到的每一个人都感到自己重要、被需要、被感激。**每个人都有一种欲望，即感觉到自己的重要性，以及别人对他的需要与感激，这是我们普通人的自我意识的核心。如果你能满足别人心中的这一欲望，他们就会对自己，也对你抱积极的态度，一种你好我好大家好的局面就形成了。正如爱默生说的："人生最美丽的补偿之一，就是人们真诚地帮助别人之后，同时也帮助了自己。"

8. **善于发现别人的闪光点。**寻找每个人身上最好的东西，最完善的人身上也有缺点，你眼睛盯住什么，你肯定就能看到什么。

你很幸运有一个极好的家庭、极好的朋友和同事，这都是上帝所赐的礼物，但也是你积极乐观地对待周围人的结果。如果你以 10 分制来衡量别人，

你不妨设想每个人都可以拿10分，并在内心相信他们能。在大多数情况下，他们就真的会上升到你积极期待的高度。

9. **寻找别人身上最好的东西，**就会使他们对自己有良好的感觉，能够促使他们成长，努力做到最好，并且创造出一个积极的、卓有成效的环境。

10. **少谈自己的健康问题。**生活中很少有其他东西比大谈自己的身体不适更快地使人们产生消极情绪的了。头一两次谈这个问题，人们会同情你；再讲，他们就反感厌倦你；最后，他们就不想见你了。一个人的健康问题，只能跟他的家人及最亲密的朋友谈。

11. **善于寻找最佳的新观念。**积极思维者时刻在寻找最佳的新观念，这些新观念能增加积极思维者的成功潜力。正如法国作家维克多·雨果说的："没有任何东西的威力比得上一个适时的主意。"

有些人认为，只有世界上的天才人物才会有好主意。事实上，要找到好主意，靠的是态度，而不是能力。一个思想开放有创造性的人，哪里有好主意，就往哪里去。在寻找的过程中，他不轻易地扔掉一个主意，直到他对这个主意可能产生的优缺点都彻底弄清楚为止。据说，世界上最伟大的发明家之一，托马斯·爱迪生的一些杰出的发明，都是在思考一个失败的发明、想给这个失败的发明找一个额外用途的情况下诞生的。

12. **乐于奉献。**派往非洲的医生及传教士阿尔伯特·施惠泽说："人生的目的是服务别人，是表现出助人的激情与意愿。"他意识到，一个积极的思维者所能做的最大贡献是给予。

通用面粉公司董事长哈里·布利斯曾给属下的推销员这样的忠告："忘掉你的推销任务，一心想着你能给别人什么服务。"他发现人们一旦思想集中于服务别人，就马上变得更有冲劲，更有力量，更加无法拒绝。说到底，谁能抗拒一个尽心尽力地帮助自己解决问题的人呢？

布利斯说："我告诉我们的推销员，如果他们每天早晨开始干活时这样想：'我今天要帮助尽可能多的人'，而不是'我今天要推销尽量多的货'，他们就能找到一个跟买家打交道的更容易、更开放的方法，推销的成绩就会更好。谁尽力帮助其他人活得更愉快，更潇洒，谁就实现了推销术的最高

境界。”

给予别人成了一种生活方式。现在还无法预测给予所带来的积极结果。这使我想起了曾听过的关于一个名叫沙都·逊达·辛格的人的故事。

有一天，辛格和一个旅伴穿越高高的喜马拉雅山脉的某个山口，他们看到一个躺在雪地上的人。辛格想停下来帮助那个人，但他的同伴说：“如果我们带上他这个累赘，我们就会送掉自己的命。”

但辛格不能想象丢下这个人，让他死在冰天雪地之中。当他的旅伴跟他告别时，辛格把那个人抱起来，放在自己的背上。他使尽力气背着这个人往前走。渐渐地，辛格的体温使这个冻僵的身躯温暖起来，那个人活过来了。过了不久，两个人并肩前进。当他们赶上那个旅伴时，却发现他死了——是冻死的。

在这个例子中，辛格心甘情愿地把自己的一切——包括生命——给予另外一个人，而他也因此保存了生命。相反，他那无情的旅伴只顾自己，最后却丢了性命。

寻找亮点，把握自我

积极的自我意识不是与生俱来的，而是在长期的积极暗示中形成的，那么如何才能获取自我意识，又如何驾驭自我意识呢？

一百多年前，美国费城有几个高中毕业生因为没钱上大学，他们只好请求仰慕已久的康奈尔牧师教他们读书，康奈尔牧师答应教他们，但他又想到还有许多年轻人没钱上大学，要是能为他们办一所大学那该多好啊？这是一个好的念头，一种对自己充满信心的积极的自我意识。于是，他四处奔走，他辛苦奔波了5年，连1000美元也没筹募到。而当时办一所大学大约需要投资150万美元。他意识到，自己的打算不过是异想天开！这一天他情绪低落地走向教堂，发现路边的草坪上有成片的草枯黄歪倒，很不像样。他便问园丁：

为什么这里的草长得不如别处的草好呢？

你看这里的草长得不好，是因为你把这些草和别处的草相比较的缘故。看来，我们常常是看到别人的美丽的草地，希望别人的草地就是我们的，却很少去整治自己的草地！

这话使康奈尔怦然心动、恍然大悟。从此他积极探求这个哲理，到处给人们演讲"钻石宝藏"的故事：有个农夫很想在地下挖到钻石，但他在自己的地里一直没有挖到。于是，他卖了自己的土地，四处寻找可以挖到钻石的地方。而买下这块土地的人坚持辛勤地耕耘，反倒挖到了钻石宝藏。康奈尔告诉人们：财富和成功不是仅凭奔走四方才能发现的，它只呈现给在自己的土地上不断挖掘的人，它属于相信自己有能力"整治自己的草地"的人！一个人光有积极的自我意识是不够的，还要坚持不懈地管理好自我意识，这种管理能力全在于自己的持之以恒。他的演讲发人深省，很受欢迎。7 年后，他筹到资金 80 万美元，终于建起了一所大学。如今他所筹建的高等学府依然矗立在费城，早已闻名于世。

这个启示很重要也很现实。我们光有强大的内在动力和有良好的自我意识还是不够的，因为自我意识只是一块草地，要把它变成一块美丽的草地，还需要我们的毅力、自信和勇气。

如果你喜欢唱歌，也认为自己唱得不比别人差，但无论如何不敢在大庭广众的场合放声高歌，你的这种自我意识也只能作为一种意识存在，而绝不会被别人认可。要想管理好自己的"草地"，就得学会自信和敢做！

懦弱羞怯只会委屈自己的心灵，唯有自信勇敢才会从容上升。有人说，人的自卑心理来自失败的刺激，自信心理来自成功的鼓励。应该说争取成功，哪怕是小小的成功，对一个人树立自信意识都是极为有益的。

因此，我们尝试新事物当力求成功，避免失败。但在实际生活中，事情往往不会一举奏效，一试就成；也不一定会遇到某个不如你的人，帮助你鼓足勇气。尤其是开拓性和创造性的课题，常常是起步受挫，困难重重。在这种情况下，我们又依据什么树立强化自己的自信意识呢？显然，真正的自信意识和积极心态，不能只是出于良好的心愿和一时的勇气，也不能只是指望

初步的成功来坚定自己的信念。

1. **充分的自信心**。超越自我者对自己对别人都很信赖，其结果是：你更乐意尝试新生事物，冒更多的风险，也获得更大的成就。逐渐地，你更明白自己能做什么，不能做什么。这使你更加安全，甚至连挫折也不能动摇你的自信心。因为你知道，失败不会改变你的整个人，你深信从长远观点看，好事在后头，而且会变得更好。

2. **不懈的进取精神**。真心相信人生是积极的，这会给你注入一种尝试新生事物的欲望。那些确信人生是消极的人，只会等待，希望坏事不落在自己的头上。当你抱怨消极态度时，你会迫不及待地尝试新的经验，催生好的事物。

3. **坚忍不拔的毅力**。当你相信好事会降临到你身上时，你会不断努力，直到好事出现。即使暂时遇到挫折，你也能继续努力。因为你知道，只要不放弃，好事就在前头。说到底，用放弃来解决暂时的问题，是弱者的一了百了。

4. **极富创造性的思维**。伟大的天才阿尔伯特·爱因斯坦说："从我自己的经验得知，最杰出的创造肯定不是当一个人不愉快时做出的。"这是一位20世纪最有创造性的思想家的真知灼见。一心想着积极的事物，会使人更乐意去探索，去提出问题，寻找新的答案。对于超越自我者来说，世界充满无限的可能性。或者正如已故漫画家沃尔特·凯利笔下那只乐观的卡通鼠所说："我们面临着无法摆脱的众多机会。"

5. **有充当领袖的欲望**。培养自己成为杰出的领袖是一辈子的奋斗过程，但这个过程从你与他人的关系开始。人们不会跟随一个他们不喜欢的人，至少不会跟他太久；人们也极少会真心喜欢一个消极思维者。

极具革命精神的法国将军拿破仑·波拿巴说："领袖是推销希望的人。"领袖给他们身边的人注入成功的希望和自信心，他们给人以达到目标的力量。

6. **不断地谋求发展**。有了积极的态度，就等于打开了一扇扇大门，最重要之门是发展的机会。正确的态度使你如饥似渴地谋求发展，而持续的发

展正是成功人士最常见的特点之一。

7. **永远有好的成就感**。如果你能够超越自我，你必须永远拥有好的成就感：认为自己人生的每一阶段都取得了一定的成就，并且获得了社会的认同。你总是准备好去行动，而不是消极被动；你是下定决心踏上通往成功之路，而不是日复一日地为从消极境遇中解脱出来而挣扎。正如 W. W. 齐格所说的那样，“没有任何东西可以阻挡思维方式正确的人达到他的目的，也没有任何东西可以帮助思维方式错误的人”。

稻盛和夫法则

稻盛和夫，在日本是与松下幸之助齐名的企业家。他从一个四处碰壁的小工程师，成长为日本尖端科技的领袖，其惊人的成就皆源于他成功的人生哲学。在其《追求成功的热情》一书中，他道出了“超越自我”的真谛：

承认自己有所不及。我在 1955 年初就业时，真是个标准的乡下土包子。之前，我从没有到过大城市，而且操着浓厚的南方口音。电话一响，我都希望别人去接，不想让别人听出我的乡音，甚至还觉得自己是有残缺的人。

虽然有这种自卑感，但我还是决定接受自己不完美之处，并试着超越，我想只有这样，我才不会认为自己是个失败者。

我对自己坦诚：“没错，我就是个土包子，念的是偏远的乡下大学。我对这个世界一无所知，常识也不够。除非我紧紧地抓住每个学习的机会，比别人努力，否则别想成功。”

总之，我学着不否定自己的缺点，并接受这个事实，不用自己是“完美的”欺骗自己。这样，我才能释然地往前迈进，改善自己。

真的做不到的话，不必装作很行。承认自己做不到的地方，就从那儿重新出发吧！

这就是我在京都的一家小公司服务时学到的一课。在我的这一生中，常常提醒自己不要忘了这个经验。

强迫自己追求卓越。在目前的教育体制下，拿到60分跟发奋努力得到90分的学生一样，都可以顺利毕业。然而，两者之间的差别并不止于成绩。为了超越自己，90分的好学生必须不断地突破障碍——有些更是要付出加倍的心血才能克服这些难关。

“生平无大志，只求60分”和精益求精、追求卓越，并非单指学业上的表现而已。这是展现人类极致的机会，并关系到自己在人生之路的抉择。

如果你想追求卓越，一定要肯超越障碍，更上一层楼。人都有惰性，强迫自己向前行的确不容易。但是看到自己付出的血汗终于开花结果，那种喜悦是无与伦比的。

最伟大的技巧就是超越自我的能力。

以才智为焦点。才智是心灵中理性的部分，用来思考和判断。为了加以运用，我们必须以它做焦点，好比拿透镜在阳光下聚热生火。“有意注意”，也就是有意识地集中注意力。相形之下，如果是出自本能，比方说听到巨响时的立即反应，就是不自主的注意。

身为人类，我们应该训练自己的才智，若是多年运用这种自主的注意力，就可以像激光一样精确。一旦有需要，才智就会立即作用，直指问题核心。

最后，我们就可以使自己从本能和私欲的束缚中挣脱，获得自由，心智能力也将更为敏锐。这就是灵感，可在一瞬间出现，并能当机立断，不必刻意地分析与思索。历史上的伟人常常靠着灵感成就了不起的事业，然而这灵感出现的原因和过程，我们却所知甚少。

今天，在求生存的关键时刻，我们或许有灵光乍现的经验，像是上天对我们的启示，这就是“灵感”—— 全心全意投注在工作中时突然得到的启迪，让我们得以勇敢地面对险阻，并检讨这样做是否无愧为人。

做本能的主人。我们生来就有“本能”和“智能”。吃、喝、打、斗、占有欲和妒忌等都是我们维生的本能，以保护自己和家人。我们常利用本能作为判断的根据，并下决定，其实，这只是一种动物的特性。只有更客观地来分析情势，才能做出更好的决定。

因此，驾驭本能是很重要的。这样心中才有一个让才智成长的地方，可供理性思辨之用：看看自己的行为当中，有多少是单凭才智来控制的。

做本能的主人并不容易。没有本能，人根本无法生存，因此我并不主张把本能抛弃。但我们要注意，行事不要让本能牵着鼻子走，要培养出以意志控制本能的能力。

照本能就是天生自然的事，因此驾驭本能可谓一大挑战。然而，想要驾驭本能，没有任何捷径，在私欲一窜出来的时候，就要马上逮住，并用我们的才智去镇服。

我们一定要学着控制自己的本能。这样才智方能得以发展，也才有做出正确决定的能力。

设定能力的标高。选择长期目标时，我会故意设定在自己的能力以上。

换句话说，我会选择目前无法完成之事：不管我现在多么努力，还是达不到。然后，我为自己立下一个期限，希望未来的某一天能完成。

要达到这样的目标，一定要拟定计划，设法提升自己和团队的能力到必要的水平。也就是说，团队不是达到一个目标就可以的，我们一定要有计划地去发展达到目标所必要的技巧与能力。

我们可以从自己现在的能力来判断，什么做得到，什么做不到。但是，不要只把目标放在完成一件新的事情上就满足了。若要有惊人的成果，一定要力求突破，努力去做此时此刻看来不可能的事。

要完成新的、有意义的事，我们必须估量自己现在和未来的能力。

品格培养。小公司的老板通常充满干劲——能一眼看出生意契机，才能卓越，而且明智审慎。从很多例子看来，他们又是绝不屈服的人。

大多数的企业只要有才干和能力就可以经营了。然而，光靠这些，并不能使公司屹立不摇。小公司的老板勇于冒险，只靠自己的才能来达到目标。即使得到一时的成功，但若被自己的能力所束缚，从长远来看，公司还是无法稳定地成长。

没有灵魂的力量，我们很容易沦为自己才能的奴隶。

反之，有些人是利用能力，而不是为能力所役。他们有善良、崇高的“自我”来控制自己的能力。因此，这一幕戏中的主角就是“自我”。

很少有人生来就是贤人。一开始，我们要依赖自己的才干、经营企业的能力以及斗志，以获取成功。然而，要将企业的经营视为毕生之志，我们必须得提升我们的心灵，培养好的品格才行。

大胆敏锐。大抵而言，人分两种：一种是讲求精准、敏感、行事含蓄，另一种是勇于尝试、大胆、外向。就像一块布是由经纬线缝制而成一样，人也需要这两种特质，经营企业才能成功。

相当于美国西部片和日本武士剧里，总有个看来不修边幅或是喝得酩酊大醉的剑客，但是这人还是察觉得出后面有人鬼鬼祟祟，忽然一声大喝，不用回头就把那敌人摆平了。观众都鼓掌叫好，赞扬他的武艺高超，在他那看来大胆的行动里，我们可以发觉其中的敏锐。

显然的是：单靠着胆量，是无法把事情做得十全十美的；若只有敏感，则缺乏向新事物挑战的勇气。在工作上，我们需要两种特质皆有的人，这种人才能因时制宜，根据不同的情况来发挥不同的特质。我认为，最理想的人就是天生敏锐，并能从广泛的经验中获得真正勇气的人。

这种人不多，但经过自觉地努力，不管我们天生倾向哪一端，都能在其中求取一个平衡点。

天生大胆也好，敏锐也罢，我们都可以找出使这两种倾向互补的方法。

超越自我。大家都知道有两种学生：一种是不见得非常聪明，但是努力用功而以优秀的成绩毕业者；另一种学生是天资聪颖，但玩心很重，没有认真读过一本书，瞎混得一纸文凭。后者会说：“死啃书，成绩当然好。如果我那么用功，没有人是我的对手。”

毕业后，这种“混世太保”遇见了一位事业有成的朋友，心想：“他在学校的表现实在是平平，我的成绩比他好太多了。”这句话似乎暗示：如果他有这个朋友的机运，一定表现得更加出色。

真的吗？死啃书也是一种自我超越，不汲汲于短暂的满足，比方说参加派对、吃喝玩乐，或是看电视。那个功成名就的朋友说不定也做了类似的牺

牲。他必须压抑自己玩乐的欲念,专心在工作上。别忘了,要超越自我,得花更大的心力。

因此,我们在衡量一个人的能力时,必须连他的意志力也考虑在内。若一个人跟自我妥协,决定随波逐流,能力一定会大大减弱。

人生之旅并非光靠聪明才智就可以成功走一回的。

把握诀窍,提升自我

积极的自我意识的形成虽然不是一两天的事情,但在这其中还是有一定的规律可寻的。有规律,就有诀窍。遵循下面的诀窍或原则,你会发现在自我意识上会有可喜的进步。

1. 谈你为什么应当喜欢自己。坦白地说,你的价值至少值几千万元,如果人决定出售自己的话。当你有了这项库存,就会完全了解。如果没有你的允许,在这个世界上没有人能使你觉得低下。

曾经住在美国印第安纳州的一个妇女收到了100万美元,因为有一种药物伤害了她的视力。她曾用这种药物来消除脸上的疙瘩,但药物却进入了眼睛,使她丧失了绝大部分的视力。在加利福尼亚州也有一个妇女获得了100万美元的赔偿,那是因为一次飞机失事中,她的背部受到伤害,医生说她永远不能再走路。如果你的视力正常,而你的背部也坚强的话,你会考虑过跟这两位女士交换吗?一旦你向她们提出的话,她们一定很乐意跟你交换,并且衷心地感谢你。

贝蒂·格莱柏是第二次世界大战时的选美皇后。她以“百万美元的腿”而闻名,这是因为她的腿投保100万美元。你想见到另一双百万美元的腿吗?如果想的话,就往下看,你会看到一双腿,如果它们能使你走动的话,你是不会把它照贝蒂·格莱柏百万美元的价格出售的,既然你不愿以百万美元换眼睛、百万美元换你的背、百万美元换你的腿,那么你已经拥有超过300万美元,何况我们才刚刚开发个人的库存计算。你已经比较喜欢自己了吧,

难道不是吗？

有史以来，亿万人曾经生活在这个地球上，但从来未曾有过，也将永远不会有第二个你。你是地球上一个独特的、唯一的生物。这些特性赋予你极大的价值。因此，你应该倍加珍惜自己、爱护自己。

2. 进入你心灵的每一件事情都有一种效用，而且会永远地记录下来。它可能会有所创造，为你的未来成就打下基础；也可能会有所毁灭，从而降低你未来可能的成就。心理学家说，《巴黎最后的探戈》《大法师》，或任何的影片或电视节目，在你心灵上会具有"跟一次身体上的真实实验"一样的心态、情绪与破坏性的冲动。看过这些表演的人都会有同感。

向已经成功的失败者学习

曾经，爱迪生的老师称他为劣等生，而且在他以后的电灯发明中，曾失败了 14000 次之多；林肯的失败是很有名的，但是没有人认为他是一个失败者；爱因斯坦也曾数学不及格。在美国 90% 的推销机构中，那些最成功的推销员比他们公司中大部分的推销员漏过更多的生意，这种情形有目共睹。实际上，这些人的成功都是由于他们坚持不懈地努力所带来的。伟大的枪手跟渺小的枪手之间主要的差别，就在于伟大的枪手是一位有继续练习的渺小的枪手而已。

成功者与失败者只有一个重要差别，那就是毅力。了解了这一点，你就不应该自卑，不应该跪下来仰视那些成功者，他们也失败过、沮丧过、自卑过。你与他们一样，一生下来就赋予了同等机遇、同等的成功权力。因此，具有积极的自我意识是你应有的能力，也是你具备的能力。

如果你有机会加入一个有目标的组织，对你提高自我意识极有帮助，不仅该目标能引导你向良好的方向发展，组织成员之间也会帮助你，引导你，而且你也就有了向失败者学习的机会，因为你有了更广泛的与人接触的机会。而前面讲过，人人都会失败，你就能从失败者中学到他们是如何走出失

败的。而他们的智能并不比你高。这样你的自信意识就会大大提高。你会在碰到同样问题时,用一句话来激励自己:“我与那些成功者有同样的条件,他们能行,我也应该能行!”

尽量跟那些“道德高尚、性情良好、站在人生的光明面”的人交往,这样你会获得你周围的人的大部分思想、举止与个性。即使你的智商也会受到你的环境与伙伴的影响。在以色列的克伊布兹,各项实验的结果显示,东方犹太儿童的智商平均为85,而欧洲犹太儿童的平均智商为105。这证明欧洲犹太儿童比东方犹太儿童要聪明些。可是当他们都在克伊布兹住过四年以后,由于当地环境是积极的,学习环境良好,而且献身学习的气氛也很实在,所以平均智商都达到了115的相同水准。这点令人兴奋,当你跟具有积极态度、道德观正当的人士为伍时,获胜的机会也就大为增加了。

但是,你的伙伴也会在消极方面影响你。一个小孩(大人也一样)如果跟其他抽香烟的人在一起,就会比跟不抽烟的人在一起更容易染上抽烟的习惯,这对其他不好的习惯影响也是一样的。幸运的是,你有权利选择你的伙伴。

要倾听那些建造人类心灵的演说家、教师的话语,这样你就会在许多方面获得提升。只要它能建立人类的心灵,即使是一本书、演说、电影、电视节目,都会陶冶你的情操与提高你的自我意识。

你认为你行你就行

在某件事情上,你也许产生一种不可能、行不通的消极意识,这只能表示你对事物认识不深、经验不足,或是软弱退却,而绝不是真的不行。

爱迪生说过:“如果我们能做到所有我们能做的事情,我们会使自己太感惊奇。”你使自己惊奇过吗?每个人都有创造的潜能,不论遇到什么困难或危机,只要冷静而正确地思考,就能产生有效的行动,创造奇迹。你应该相信自己的能力,你怎么样,事情就会怎么变。你要成为坚强有才干的人,要成为真正的“男子汉”，创造出一番事业，就要记住这一成功准则——你认为你行你就行，大声宣读这一准则，并一再把它注入到我们的意识之中，要把“不”字从字典中去掉，从生活中抹去，从心智中铲除，谈话中不提它，想法中排除它，态度中去掉它，抛弃它，不再为它提供“原料”，不再为它寻找“市场”，而用灿烂的“可以”来代替它。

如果你面对问题时受到“不可能”观念的骚扰，你可以对所谓不可能的因素展开一次实事求是、客观的研究，结果你会发现所谓的不可能，通常不过是源于对问题的情绪反应而已，而且你还会发现只要以冷静、非情绪的态度，运用智慧来审视所涉及的诸事，你通常能克服这些所谓的“不可能”。

“我们可以为失败提出成千上万条理由，但应该没有一条是借口”。没有任何人和任何事可以击败你，只要你不被自己软弱的心智打败。

正视自己的缺陷。获得自我认识，不仅是认识到自己的优点，而且也要敢于重视自己的缺点；然后用行动去弥补它，化为成功的动力。

某种你自以为是不如人而希望改掉的地方，或许正是一种最好的特点，假使你能正当利用的话。无论是利用或克服一种缺点，我们都应该承认其存在。

这便是利用缺点成功的一些秘诀。一般人喜欢罗斯福的牙齿，因为它们给人一种愉快；他们喜欢道斯的烟斗，因为它使道斯呈现出一种谦逊，使人亲近的神气；他们喜欢林肯丑陋的单薄的身体，因为它好像一根粗糙有力的柱子，有绝对可依靠的能力；他们喜欢史密斯的土语，因为它使他好像普通人一样；他们喜欢拿破仑的高傲气概，因为他们觉得自己也能分享到部分的光辉；他们喜欢柯立芝的沉默，因为沉默便是一种可依赖的表现。

因此，你的缺憾如果能够引起别人的喜欢，别人便会因你有这种缺憾而更喜欢你。反之，假使一个缺憾会引起别人的不悦，将会使别人怕你，或是别人为你忧愁，这样一来，你最好设法解脱之。

要知道一个缺憾可以利用作为宽恕懒惰或胆怯的借口，也可以利用来使你去克服困难，并使自己逐渐克服缺点，从缺陷的忧虑中超脱出来。

点燃希望的火把

无论你所处的环境多么恶劣，无论你经历了多么巨大的挫折，只要有一种精神的存在或一种精神的寄托，便会有一种无穷的力量帮助你战胜困难。其实，很多时候，我们的智慧和才干并非不如别人，仅仅是与别人相比就缺少那一点点的精神动力。

激情是使船扬帆出海的骤风。没有激情，人的知识和经验只不过是一种潜在的力量，犹如火石，在它能够发出火星之前等待着铁的撞击。

当你本能地去生活、去追求幸福时，你的主要目标往往就是最大限度地减少挫折，增加欢乐。如果你不想被平庸无色的生活“冷却”了斗志，你就得用生命的激情、希望的火焰使这盆冷水煮沸。

曾经有一位将军在一次战争中失利，带着自己的残兵败将漂流于海上。已经远离祖国大陆多日的他们早已弹尽粮绝，而海水无边无际，已经迷失了方向的他们找不到一处可补充粮食、淡水的小岛。眼看死神在渐渐地逼近，只见将军拣起甲板上的一只空瓶，写了一封求救信塞进瓶中封住瓶口，他让部下将瓶子向海水中投去，希望这只瓶子能随海水漂回祖国，将他们遇难的消息通知国人。

部下对将军的做法深表怀疑，而将军却坚定地看着远方说：“我将求生的希望放到瓶中，瓶子一定会漂回我们的国家，带给我们好运的。”几天后，将军和他奄奄一息的部将们被过往的船只救上了岸，而那只满载希望的瓶子也在若干年之后历经“千辛万苦”漂回了将军的国家。

无论你面临什么样的困境，你所做的不应该是一味地埋怨和咒骂，因为这只会使你变得更沮丧，更觉得无望。对于你最要紧的是应该利用自己手中仅有的希望“火种”，战胜黑暗，摆脱困境，去创造一个光明的前程。

第三章
情商的动力是自我激励

人类的努力，若以热忱与激情为动力，今天的不可能就可变成明日的事实。激励自我，就是要使自己永远焕发激情和朝气。

自我暗示与激励

人类的努力，若以热忱与激情为动力，今天的不可能，就可变成明日的事实。激励自我，就是要使自己永远焕发这种激情和朝气。

激励自我，作为人类情感大厦的支柱，是 EQ 的重要组成部分。激励自我，实质上是在运用 EQ 支撑你自己的情感世界。然而，我们又如何去支撑这一方天地呢？

成败之间只有一纸之隔。事实上，不能成功并不一定没有责任心。有许多失败者，正如那些达到目标的人，都是真心、热诚且辛勤工作的。

然而，这些人中，有的可以成功，有的却惨遭失败的命运。你可能会认为，这个社会实在是不公平。但在这两者之间，还是有一层阻碍，有如纸般的薄，却十分难以穿透。

这个不同点就在于坚韧与毅力。失败者遇见了一堵墙，就认为一定过不了，这是常识。换言之，他们是尽力了，但还是有所限制。碰到了墙，就以常理来为自己找借口放弃。

即使是看来不可能达到的工作，我们也要坚持下去，要有不成功绝不放弃的毅力。我们必须去除心中的"定见"，抛开任何可能限制我们进步的、先入为主的观念吧，这样我们才能得以突破最后一道防线，迈向成功。

我们要有突破障碍的信心与骄傲，这样我们的个性才能愈发坚强，才能更加坚忍不拔。就是这股坚持到底的毅力才能使我们成就另一次更大的成功。

你有了问题，特别是难以解决的问题，可能让你烦恼万分。这时候，有一个基本原则可用，而且永远适用。这个原则非常简单——永远不放弃，坚持就是胜利。

放弃必然导致彻底的失败，而且不只是手头的问题没有解决，还会导致人格的最后失败，因为放弃会使人产生一种失败的心理。

如果你使用的方法不能奏效，那就改用另一种方法来解决问题。如果新的方法仍然行不通，那么再换另外一种方法，直到你找到解决眼前问题的钥匙为止。**任何问题总有一个解决的钥匙，只要继续不断地、用心地循着正道去寻找，你终会找到这把钥匙。**

很多有目标、有理想的人，他们工作，他们奋斗，他们用心去想，他们祈祷……但是由于过多困难，他们越来越倦怠、泄气，终于半途而废。

怎样才能培养这种不放弃、打不败的态度？办法之一是永远不要说失败，因为如果你一再说失败，你很可能会说服自己去接受失败。

美国海那士·钟士是1960年高栏比赛的风云人物，他赢得了一场又一场的比赛，打破了许多纪录，真是轰动一时。他顺理成章地被选为参加当年在罗马举行的奥运会的选手，他参加110米栏赛，全世界都认为他能赢得金牌。

但是，出乎意料，他并没有得到金牌，只跑了个第三名。这当然是个极大的挫折。他的第一个想法是："怎么办呢？我或许该放弃比赛。"要再过4年才会有奥运会，而且他已经赢得所有其他比赛的高栏冠军，何必再受4年更艰苦的训练？看来唯一合理的路是退出比赛，开始在事业上寻求发展。

这当然非常合乎逻辑，但是海那士·钟士却不能安于这种想法。"对自己一生追求的东西，"他说，"你不能够事事讲究逻辑。"因此他又开始训练。1天3小时，1个星期7天。在尔后的几年里，他又在60码和70码高栏项目中创造了一些新纪录。

1964年2月22日，在纽约麦迪逊广场花园，钟士参加60码高栏赛，赛前他曾经宣布这是他最后一次参加室内比赛。大家的情绪都很紧张，每个人的眼睛都看着他。他赢了，平了自己以前所创下的最高记录。钟士跑完，走回跑道上，低头站了一会儿，答谢观众的欢呼。然后一万七千多名观众都起立致敬，钟士感动得潸然泪下，很多观众也流下眼泪来。一个曾经失败的人仍然继续坚持下去。他不放弃，而爱他的人们就爱他这一点。

他参加1964年东京奥运会，在110米栏赛中跑出13.6秒的成绩，取得了第一名——他终于赢得了金牌。

拥抱希望的太阳

“每一个问题都蕴含着解决的种子。”这句了不起的话是美国一位杰出的思想家史但利·阿诺德说的。它强调了一项重要的事实，就是每一个问题的内部都自有解决之道，希望常在。

几乎所有的人都认为问题本身必是坏的，其实事实正好相反。很多成功的人，他们之所以成功，至少有部分原因是因为他们学会了寻求对问题的认识。他们不愿意让自己被问题压垮了，更不愿意被问题吓坏了。相反的，他们冷静而实事求是，从各个角度深入地去研究情况。他们向专家以及向那些曾经面对过相似问题的人请教而获得建议。他们正视问题，仔细把问题分析了看，直到他们对问题无所不知为止。他们运用智慧以认识和掌握问题，这样必会产生了解，而了解后就能克服任何困难，不论困难是多么神秘或是看起来是多么不能克服。

当代青年所用的相当惊人的语言中有一句话非常睿智而巧妙。这一句话就是——冷一冷。在棘手的问题闯入你的生活中时，虽然你可能变得紧张急躁，但是你要实践这句话，在心智上尽量保持冷静，然后对自己说：“好吧，这是个问题，我们冷静地来想一想它的含义。我们来思考，而且只能思考，不论如何，我的反应不可以情绪化。”

问题能够增进你的洞察力、精力以及一般的能力，使生活具有建设性。已故的美国著名电机工程师和发明家查尔斯·克德林深深地体会到了这一点，因此，他在通用汽车公司实验室的墙上钉了一块牌子，用来勉励自己和助手。牌子上写着：

“别把你的成功带给我，因为它会使我软弱。请把你的问题交给我，因为这才能增强我。”

存在问题并非坏事，每一个问题都蕴含着解决的种子，都存在着无限的希望。尽管在我们未来的征途上将会遇到许多事情，或狂风肆虐，或人情冷

暖，但是只要我们思考、工作、研究、拥抱希望的太阳，所有的问题就都会迎刃而解。

加拿大雁的合作

哈特瑞尔·威尔森是一位水准很高的演说家，他曾经说当他还是东得克萨斯州的一个小孩时，有一次跟两位朋友在一段废弃的铁轨上走，其中一位朋友身材普通，另一位则是个胖子。孩子们互相竞赛，看谁在铁轨上走得最远。哈特瑞尔跟较瘦的朋友只走了几步就跌了下来。肥胖的男孩却走得很远。最后，在极大好奇心的驱使下，他想知道其中的秘诀。那位肥胖的朋友指出，哈特瑞尔跟他的朋友走铁轨时只看着自己的脚，所以跌下来了。然后他解释他因为太胖以至看不到他的脚，只能选择铁轨上远处的一个目标（一个长期目标），并朝目标走去。接近目标时，他又选了另一个目标（你能尽量走到你所看见的那么远的地方，当你到达那里，你能看得更远），然后又走向新目标。

胖男孩带着哲学味指出，如果你向下看自己的脚，你所能见到的只是铁锈和发出异味的植物而已。另一方面，当你看到铁轨上某一段距离的目标时，就能真正地看到目标完成了。

不过，如果哈特瑞尔跟他的朋友分别在两条铁轨上手牵着手一起行走，他们便可以不停地走下去，而且不会跌倒。这就是合作的可贵。就像乔治马秋·阿丹所说的："帮助别人往上爬的人，会爬得更高。"如果你帮助其他人获得他们需要的事物，你也能因此得到想要的事物，而且帮助的越多，得到的也越多。

加拿大雁在本能上很知道合作的价值。毫无疑问，你经常会注意到它们以 V 字形飞行，而且 V 字形的一边比另一边长些（V 字形的一边比另一边长的理由是因为有较多的雁）。这些雁定期地变换领导，因为为首的雁在前头开路，能帮助它左右两边的雁造成局部的真空。科学家曾在风洞试验中

发现，成群的雁以V字形飞行，比一只雁单独飞行能多飞72%的距离。人类也是一样，只要能跟同伴合作而不是彼此争斗的话，往往能飞得更高、更远，而且更快。

最好的一种帮助来源（不幸也是最容易被人忽略的）就是家庭，特别是配偶。如果妻子或丈夫并肩工作，而不仅仅随便应付，你就能更快、更轻易地达成目标，而且会在达成目标的过程中获得更多的乐趣。如果你的配偶在开始时未能分享你的热忱，你也不必太吃惊或失望。把你的主意好好地推销给对方，让你的配偶知道能拥有他或她的合作与兴趣是多么重要的事情，而且在这种过程中你们两人都将大有收获。这种紧密的结合与共同的兴趣极端重要，因为这将使你建立起比较有意义的关系。那本身也是一个美丽的目标。

瞄准目标，勇于拼搏

第二次世界大战期间，美国生产出一种带有自动跟踪装置的鱼雷。这是一种强有力的破坏性武器。当时，美国正处在生死存亡的关头，所以这种鱼雷给美国带来了希望。这种鱼雷对准目标发射，会随时追踪瞄准该目标。如果目标移动或改变方向，鱼雷也跟着改变。有趣的是，鱼雷是仿着人脑制造的。也就是说，在你的头脑内有一些东西能使你对准某一目标。即使目标移动，或你向旁边走动，一旦你追踪瞄准以后，就能击中目标。

每一行业的专业人员会告诉你，在他投篮、打高尔夫球，或做销售拜访，等等之前，都要先看见目标完成。简言之，发射击中目标之前，都要先追踪瞄准目标。

几年前一支国际性的探险队要攀登梅特隆山的北麓，这是前所未有的壮举。记者们前去采访这些来自世界各地的探险队员。一位记者问这群队员中的一个说："你是不是要攀登梅特隆山的北麓呢？"那人回答说："我会为它付出一切。"另一位记者也以同样的问题问第二位队员。这位登山家说：

“我会尽最大的努力。”

第二个登山家也被问了。他说：“我很高兴，而且会好好努力。”最后，一位记者问一位年轻的美国人：“你是不是要攀登梅特隆山的北麓呢？”这位美国人朝他看了一下，然后说：“我要攀登梅特隆山的北麓。”最后有一个人登上了梅特隆山的北麓。他就是那位说出我要……的人。因为只有他“看见目标完成”。

在任何一个行业，不管我们是在寻找较好的工作、较多的财产、永久与快乐的婚姻，或者是所有这类的事情，我们都必须在达到想要的目标之前，先看见目标完成。

当你的眼睛看着目标时，达成目标的机会就会变得无限大。真的，不管你见到胜利或失败，这项原则都能适应。

在帆船时代，有一位船员第一次出海。他的船在北大西洋遭到了大风暴。这位船员受命去修整帆布。当他开始爬的时候，犯了一个错误，那就是向下看。波浪的翻腾使船摇荡得十分可怕。眼看这位年轻人就要失去平衡。就在那一瞬间，下面一位年纪较大的船员对他叫道：“向上看，孩子，向上看。”这个年轻的船员果然因为向上看而恢复了平衡。

事情似乎不顺的时候，要先检查一下你的方向是否错误。形势看起来不利的时候，要尝试“向上看”，并尝试下面的做法，你就会成功。

把目标适当地写在一张或多张卡片上。你要把它写得清清楚楚，以便于你阅读每一行中的每一个字。将这些卡片保护好，并随时把这些目标带在身边。每天都要复习这些目标。稍后你会了解为什么这样做会如此重要。请记住：行动才是我们的目标。当世界上最长的火车静止不动时，往它的八个驱动轮前面放一块小小的木头，就能使它永远地停在铁轨上。而同样的火车在以每小时一百里的时速前进时，却能洞穿五英尺厚的钢筋混凝土墙壁。这就是你的写照。请现在就开始去取得行动的勇气，冲破介于你跟目标之间的种种阻碍与难关吧。

态度就是普遍语言

罗伯特博士在哈佛大学主持了一系列有趣的实验，实验对象是三群学生与三群老鼠。他对第一群学生说："你们很幸运。你们将和天才小白鼠在一起。这些小白鼠相当聪明，你们会到达迷宫的终点，并且吃许多干酪，所以要多买一些喂它们。"他告诉第二群学生说："你们的小白鼠只是普通的小白鼠，不太聪明。它们最后还是会到达迷宫的终点的，并且吃一些干酪，但是不要对它们预期太大，它们的能力与智能只是普通而已。"他又告诉第三群学生说："这些小白鼠是真正的笨蛋。如果它们能找到迷宫的终点，那真是意外。它们的表现自然很差，我想你们甚至不必买干酪，只要迷宫的终点画上干酪就行了。"

往后的六个星期，学生们都在精确的科学情况下从事实验。天才小白鼠就像天才人物一样地行事。它们在短期内很快就到达了迷宫的终点。你期望从一群"普通小白鼠"那里得到什么结果呢？它们也会到达终点，但是在这种过程中并没有写下任何速度记录。至于那些愚蠢的老鼠呢？那更不用说了。它们都有真正的困难，只有一只最后找到迷宫的终点，可以说是一个明显的意外。

有趣的事情在于，根本没有所谓的天才小白鼠和愚蠢小白鼠之分，它们都是从同一窝小白鼠中来的普通小白鼠。这些小白鼠的成绩之所以不同，是因为参加实验的学生态度不同而产生的直接结果。简而言之，学生们因为看到小白鼠不同才对它们不同，而不同的处理导致不同的结果。学生们并不知道小白鼠的语言，但是小白鼠懂得态度，而态度就是普通语言。

这个有关小白鼠的实验，已经扩展到当地的一个小学。

有人告诉一位教师：你很幸运，你跟天才儿童在一起。这些学生非常聪明。你的问题还没说完，他们就会给你答案。然而，你要小心，他们可能聪

明得想要愚弄你。他们有些人想偷懒，希望你少留作业，不要听他们的。他们都会把作业赶出来。你只要把作业交给他们就行了。如果你给他们带来信心，以及一些日常的爱护、训练与真诚的兴趣，这些小孩就能解决最困难的问题。

有人告诉第二位教师："你教的是普通的孩子。他们既不太聪明也不太愚蠢，只有一般的智商、背景和能力，所以我们预期只有普通的效果。"

在该学年结束时，天才学生个个都比普通学生领先很多。但纵然不是天才，你也能猜出这个故事的结局。事实上，根本没有天才学生，所有的学生都是普通学生。唯一不同的就是教师的态度。教师认为普通学生是天才，所以就把他们当成天才，而他们也做得真像天才一样。

诗人能以优美的词汇将这种情形表示出来。他说："如果你认为某一个人像他现在这样，你就是使他变得比过去更美。如果你把他当成最好的人，那么他就变成最好的人。"如果你阅读这些文字时，突然变得更聪明，我不禁要说："恭喜你，你是那个获得进步的人。"

激励有方，实现自我

你懂得能够激发你自己的原则，你就懂得能够激发他人的原则。反之，你懂得能够激发他人的原则，你就懂得能够激发你自己的原则。

有某人很特殊地找到了它。这个人，几年以前，便以成功的化妆品制造家的身份在65岁时退休了。自此以后，他的朋友每年都替他开一次生日派对。每次他们都要请他说出他的公式。年复一年，他都委婉地拒绝了。等到他75岁的那天，他的朋友们，一半认真一半开玩笑地又问他是不是公开他的秘密呢？

他说："你们这些年来对我这样好，我实在愿意告诉你们，而且除去别的化妆品专家所用的公式外，我还要加上我的魔法成分。"

“魔法成分是什么呢?”别人问他。

“我永远不对女人保证我的化妆品会使她美丽,可是我总让她存在有美丽的希望。”

希望就是这魔法成分!

希望是预期获得所想要的事物的欲望加上可以得到它的信心。每一个结果都有一个已知的起因。你的每个行动都是——已知起因——你的动机——你的结果。例如,希望激发化妆品制造商建立有利的商业;希望也激发女人们购买他的化妆品;希望也激发你。

懂得怎样用有效的态度和悦人心意的手法去激励别人,是十分重要的。你在整个一生中都会起着双重作用:你激励别人,别人也激励你;既当双亲,又当孩子;既是教师,又是学生;既是销售员,又是顾客;既是主人,又是仆人——你总是在扮演两种角色。可以说,激励自我的同时,你的行为、语言、形象也在激励着别人。下面是一些激励别人的简单方法。

1. **物质激励法**。物质激励就是通过满足个人物质利润的需求,来激发人们的积极性与创造性。所谓“重赏之下必有勇夫”,讲的就是物质刺激能在关键时刻起到关键作用。但是,对于物质激励方法的使用,需因人而异、因时而异,如果运用不当,很可能收到相反的效果。

2. **关怀激励法**。关怀激励法就是通过对别人进行关怀、爱护来激发其积极性、创造性的激励方法,它属于感情激励的内容。关怀激励法被管理学家称之为“爱的经济学”,即勿需投入资本,只要注入关心、爱护等情感因素,就能获得产出。

3. **尊重激励法**。尊重激励法就是通过尊重别人的意见、需要及尊重有功之臣的做法来使他感到自己对于组织的重要性,并促使他们向先进者学习的一种激励方法。

4. **任务激励法**。人们大都有自己的志向与抱负,愿意为自己追求的事业而献身,并在这种追求中获得精神上的满足。任务激励就是让个人肩负起与其才能相适应的重任。即由社会提供个人获得成就和发展的机会,激

发其献身精神，满足其事业心与成就感。

5. **荣誉激励法**。这种方法根据人们希望得到的社会或集体尊重的心理需要，对于那些为社会做出突出贡献的人给予一定的荣誉。这既可以使荣誉获得者经常以这种荣誉鞭策自己，又可以为其他人树立学习的榜样和奋斗的目标。

6. **情感激励法**。情感是影响人们行为的最直接的因素之一。情感激励就是通过建立良好的情感关系，激发每个员工的士气，从而达到提高工作效率的目的。

7. **信任激励法**。同志之间，特别是老板与员工之间的相互信任是一种巨大的精神力量，这种力量不仅可以使人们组成一个坚强的战斗集体，而且能极大地激发出每个人的积极性和主动性。

8. **强化激励法**。强化激励包括正强化与负强化。正强化是通过对人们的某种行为给予肯定与奖赏，使其巩固坚持，发扬光大。日常工作中的表扬、激励等属于正强化。负强化是通过对人们的某种行为给予否定与惩罚，使其减弱、消退。批评、惩处、罚款等就属于负强化。因此，对人的行为强化激励时，一要坚持正强化与负强化相结合，以正强化为主；二要坚持精神强化与物质强化相结合，以精神强化为主。

9. **数据激励法**。心理学家认为，明显的数据对比能够使人产生明显的印象，激发强烈的感想。数据激励，就是把人们的行为结果用数字对比的形式反映出来，习惯上叫“数字上墙”，以激励上进，鞭策后进。

10. **纪律激励法**。纪律激励法就是用纪律和制度来约束和规范执行者和操作者行为的激励方法。它是一种负激励方法，表现为只罚不奖，因为遵守纪律是理所当然的，而不遵守纪律则当然应该受到制裁与处罚。

激励的技巧

1. **先教后用激励技巧**。据日本企业家酒井邦恭说：“事先协调”这个词

在日语中有两个含义：一是在一棵大树移植的一两天前，将树四周的泥土挖起，除大根及大的须根外，将小根切去，使其便于移植，这种做法可以使果树结出更大的果实；二是由此引申出，在做某件事之前，要打好基础，以得到他人的意见或同意。

这一词意给予我们的启发是，在施以激励之前，必须先对人员进行启发、教育，使他们明白要求和规则，这样再采用激励方法时，他们才不至于感到突然，尤其是对于处罚不会感到冤枉。所以最好的管理方法是启发，而不是惩罚。

2. **公平激励技巧**。解放前，宝元通百货公司完全由考核结果来决定提升与受奖。考核的内容包括"意志、才能、工作、行动"四个方面，多半年评比一次，评比的依据主要是组长和门市纠察人员在日记中专设"人事"一栏，每天记录售货员在这四方面的表现。组长以上和不属于门市售货小组的人员则由人事部门直接掌握考核。经过这样的考核，职工就有可能由每月1元的工资一步步往上爬，一直爬到宝元通"九等三十六级"的顶峰。主任级以上职员就是通过这样的考核逐步提升起来的。这一做法就给人一种印象：凡是能力较强而又积极工作的人，在宝元通必有出头之日；凡是考核成绩不好的人，绝无侥幸提升的可能，表现极差者甚至有被辞退或者开除的危险。正因为如此，宝元通规定每年将总盈余的31.5%分配给全体职工，在具体进行分配时并没有发生多大的困难，大家基本上无异议。

充分利用激励制度就可能极大地调动企业职工的积极性，保证企业各项工作的顺利进行。要保证激励制度的顺利执行，就应当像宝元通一样，不唯亲、不唯上、不唯己，只唯实，公平相待。

3. **注重现实表现激励技巧**。西洛斯·梅考克是美国国际农机公司的创始人，世界第一部收割机的发明者。有一次，一个老工人违反了工作制度，酗酒闹事。按照公司有关管理制度的有关条款，他应受到开除的处分，梅考克在管理人员作出的决定上签署了赞同意见。决定一发布，那位老工人立刻火冒三丈，他委屈地说："当年公司债务累累时，我与你患难与共。三个月不拿工资也毫无怨言。而今犯了这点错就把老子开除，

真是一点情分也不讲！”梅考克平静地对他说：“你知不知道这是公司，是有规范的地方……这不是你我两个人的私事，我只能按规定办事，一点也不能例外。”

在实施激励方法时，应该像梅考克一样，只注重激励对象的现实表现，将现实表现同过去的情况分开来看，当奖则奖，该罚就罚。

4.**适时激励技巧**。美国一家名为福克斯波罗的公司，专门生产精密仪器、自动控制设备等高技术产品。在创业初期，一次在技术改造上碰到了若不及时解决就会影响企业生存的难题。一天晚上，正当公司总裁为此冥思苦想时，一位科学家闯进办公室阐述他的解决办法。总裁听罢，觉得其构思确实非同一般，便想立即给予嘉奖。他在抽屉中翻找了好一阵，最后拿着一件东西躬身递给科学家说：“这个给你！”这东西非金非银，而仅仅是一个香蕉。这是他当时所能找到的唯一奖品了，而科学家也为此感动。因为这表示他所取得的成果已得到了人们的承认。从此以后，该公司都会授予攻克重大技术难题的技术人员一个金制香蕉形别针。

行为和肯定性激励的适时性表现为“赏不逾时”的及时性，公司总裁在没有别的东西，只有一个香蕉时也要拿出来作为奖品。这样做至少有两个好处：一是当事人的行为受到肯定后，有利于他继续重复所希望出现的行为。这正如小孩学走路时，当他走出了步态并不雅的第一步后，就立即鼓励他走出第二步、第三步，直到他真正地学会走路为止；二是使其他人看到，只要按制度要求去做，就可以立刻受奖，这说明制度是可信赖的，因而大家就会争相努力，以获得肯定性的奖赏。

5.**适度激励技巧**。有人对能通宵达旦玩游戏机者不可理解，但当自己去玩时，也往往废寝忘食，原因何在？游戏机上电脑程序的编制是按照由简到繁、由易到难的原则，在每一个具体的程序中，操作者在与电脑相较量时并不能轻而易举地获胜。但经过一段时间的操作之后又能够过一些关。这样稍有努力就进、不努力就退的若得若失的情况对操作者最有吸引力。

游戏机的事例说明了激励标准有个适度性问题，保持了这个度，就能使

激励对象乐此不疲地努力。反之,如果激励对象的行为太容易达到被奖励和被处罚的界限,那么,这套激励方法就会使激励对象失去兴趣,从而达不到激励的目的,所以说:“赏罚不中则不威。”

做自己想做的事

做自己的主人,做自己想做的事,才能掌握自己的命运。所谓命运,就是每个人对境遇所做反应的方式。命运这种所谓强大的力量,并不是从外部来操纵你的,而是由你本人决定的。假如你哀叹:“我这个人真不走运!”那说明你为自己的境遇所困扰,所谓不得志的命运,不过是自己把它加在身上的。

如果问那些正值事业得意的人:“为什么你认为你目前的事业很成功?”大部分人都会回答:“因为我现在从事的是我真正想做的事。”只有做你想做的事情,你才可能获得最大的成功。

艾特是一家化妆品公司的推销员,他的父母本来希望他能进入较稳定的行业——比如,银行业工作,但是他天生喜欢和人接触,压力和新奇可以使他精神旺盛,而单调重复的工作只会使他厌倦。所以他在大学毕业后,便决定谋求一个能让人不断活动、印象深刻、具有压力、又富于社交性的角色。销售工作应是他最好的环境,而推销化妆品能满足他所想要的声望、报酬和旅行机会。

艾特的经历,无异是对所谓的“成功”的最好诠释。销售就是他所追寻的,是一个可以发挥自身才能,可以给予自己刺激和报偿的工作。像艾特这类的人,就是自己“抛下架子”去寻求目标,做自己喜欢的事,“掌握”自己命运的人。

决定自己人生的关键不在于所面对的环境,而在于自己决定要如何去面对。怎样去选择:选择自己喜欢的事,选择以什么样的心情去面对……

如果你也想成功,很简单,今天就下定决心,你喜欢做什么,你想成为怎

样的人。如果你不打算作这样的决定也没关系，事实上你已经做了决定，就是甘心把自己的人生交给环境，任由它来主宰。你整个人生的改变就在于你自己。如果你下定决心不再浑浑噩噩度日，而要作自己人生的主人，得到你所期望的未来，你已经进步了。

当你做出决定后，就应全力去达成，你得为自己设定更上一层楼的标准，同时还得用顽强的毅力去达成这样的标准，否则将永远得不到所期望的人生。

遗憾的是大多数人从不这么做，反而总是给自己找借口，不是家境不好、没有背景，便是学历不足、没有机会，甚至于怪罪到自己的年龄太老或太小。

这些所谓的借口其实都不是理由，它只会限制个人潜能的发挥，继而会毁掉人的一生。

当你做出一个崭新、认真且坚定不移的决定时，你的人生便在那一刻开始改变。

圣雄甘地，早年曾是一位温和谦逊、主张和平的职业律师，但他凭着胆识，能率领印度人民摆脱英帝国主义的统治，为其他殖民地树立了学习的榜样。同样的情形就是，因为有坚强的决心，马丁路德·金才能侃侃而谈，道出美国黑人所遭受的非人待遇，激发起美国的民权运动，引起全球瞩目。

当你明白了自己决定的真正意义，便会知道这样的力量、这样的能力早就蕴藏在自己的身上，它不是少数那些有财有势有背景的人的专利品，而是属于所有的人，不分达官显贵，还是贩夫走卒。

一个人的命运到底由谁来掌握？是许多欲求成大事的人永远关心的一个人生课题。的确，对于弱者来说，命运也许掌握在别人手中；对于强者来说，命运则掌握在自己手中。

毫无疑问，一个只有自己掌握自己命运的人，才是一个成功者。

坚韧你自己

坚韧是解决一切困难的钥匙，也是任何想取得成功的人必备的素质。试问有哪一种事业可以不经坚韧的努力而获得成功呢？

坚韧可以使柔弱的女子们养活她们的全家；使穷苦的孩子努力奋斗，最终找到生活的出路；使一些残疾人，也能够靠着自己的辛劳，养活他们年老体弱的父母。人类历史上伟大的功绩之一——美洲新大陆的发现，也要归功于开拓者的坚韧。科学界许许多多的发明创造也离不开科学家的坚韧和执著。正是基于这份百折不挠的坚韧和对理想、目标的执著，人类才有了发展，才有了进步。

在这个世界上，没有别的东西可以替代坚韧，教育不能替代，家势和父辈的遗产也不能替代，而命运则更不能替代。

秉性坚韧，是成大事、立大业者的特征。人要想获得巨大的事业成就，可以没有其他卓越条件的辅助，但绝不能没有坚韧这种性格。坚韧使得从事苦力者不厌恶劳动，终日劳碌者不觉得疲倦，生活困难者不会志气沮丧。也正是由于这些人具有坚韧的品质，从而使得他们认为工作是快乐的，即使在苦难之中，也可以体验到生命的乐趣。

以坚韧为资本而终获成功的人，比以金钱为资本而获得成功的人要多得多。历史上那些成功者的故事足以说明：坚韧是克服恐惧、克服困难的最好良方。

娜塔莎夫人说过："美国人成功的秘诀，就在于敢于直面人生中的困难。他们在事业上竭尽全力，不考虑成败得失，在他们的眼里，过程重于结果，失败本身也是一种财富。因此，即使失败也会重整旗鼓，并立下比以前更坚韧的决心，努力奋斗直至成功。"

有些人遭受一次挫折，便把它看成拿破仑的滑铁卢之战，从此失去了勇气，一蹶不振。然而，在刚强坚毅者的眼里，却没有所谓的滑铁卢。那些立

志要成功的人即使失败，也不以一时的失败作为最后的定论，他们还会继续奋斗，在每次遭到失败后再重新站起来，以比以前更大的决心向前努力，不达目的决不罢休。

这种人，他们不论做什么都全力以赴，并且总是有着明确而必须达到的目标。因此，在每次失败时，他们可以掸掉身上的灰尘继续前进，有的甚至可以笑容可掬地站起来，然后下更大的决心向前迈进。他们从不知道屈服，从不知道什么是“最后的失败”，在他们的词汇里面，找不到“不能”和“不可能”几个字，任何困难、阻碍都不能使他们畏惧，任何灾祸、不幸都不足以使他们灰心。

而那些没有坚韧勇敢品质的人，不能抓住机会，不敢冒险，他们一遇到困难，就会自动退缩，就会自动放弃。同样，他们一获得小小的成就，便沾沾自喜，感到满足，这样的人是不可能成就大事的。因为他们对自己没有太高的要求，设定的目标也易于实现，缺乏挑战性。对成功的沾沾自喜，对困难的躲避、退缩，使得他们无缘体验到登上顶峰的快感。发明家在埋头研究的时候，是何等艰苦，一旦成功，又是何等愉悦。

世界上一切伟大的事业，都在坚韧勇毅者的掌握之中。当别人努力的时候，他们也不放松努力；当别人开始放弃时，他们仍然坚定地去做。成败，就是一场意志的较量。真正有着坚强毅力的人，做事时总是埋头苦干，直到成功。成功就该属于这样的人。

然而，有许多人做事有始无终，在开始时充满热忱，还能保持三分钟的热度和激情，但因缺乏坚韧与毅力，他们坚持不到最后，便由于困难、阻碍的出现而恐惧、退缩，直至放弃。任何事情往往都是开头容易而结束难，因而要估计一个人才能的高低，不能只看他手头的事情有多少，而要看他最终完成的事情有多少，以及在做事过程中是否具备坚韧、善始善终的品质。

要考察一个人做事成功与否，关键要看他有无恒心，能否善始善终。持之以恒是人人应有的美德，也是完成工作的要素。现在，一些人和别人

合作时,起先是共同努力,可是到了中途感到困难,多数人就停止了合作。只有少数人,能够不畏困难,坚持到最后。可是这少数人如果工作中再遇到阻力与障碍,而又没有坚强的毅力,势必也随着那放弃的大多数,归于失败。

所以具有坚韧勇毅的精神是最宝贵的,只有具有这种精神才能克服一切艰苦困难,达到成功的愿望。希望成功,就努力培养自己的坚韧与勇敢吧。困难算什么,恐惧算什么,从点滴做起,在毅力面前,这些阻碍都会迎刃而解!

做有远见的人

美国加州有一个小镇,那里盛产葡萄。镇的四周都是农田,与世隔绝,没有沙滩、山林或绵延的山丘,没有任何观光资源,只有几处小湖,村庄里是种满浓密的丝柏树的沼泽地。到过此地的人以及住在这里的本地人,都觉得这里没有前途。当迪克来到这个地方时,他用一种与众不同的眼光来看待这些长着丝柏树的沼泽地。他买下了部分的沼泽地,创办了"丝柏花园",将其建成了一个漂亮的观光园。人们都应该培养这种有远见的眼光。看事物应看到眼前的机会,同时看到未来的发展。

事实上,生活中有很多人终其一生也看不到周围的力量及环境的意义。

心理视觉不良,会让你产生错误的观念,使自己和别人受到不应有的伤害。最常见的两种极端的观念是短视近利和好高骛远。短视的人只注重眼前的利益,看不见未来的发展,缺乏长远的眼光,不会思考及规划未来;好高骛远的人脑子里只有未来的虚幻世界,因而错失眼前的机会。只有既有远见,也能务实的人,才会在人生中占据优势。

现实生活中,你是否对人生的看法及规划有很多误区?或许你也能想出一种方法解决问题。关键在于你会不会去想,以及想出来的方法实际不实际。

短视的人只看得到眼前，忙于应付眼前的问题，结果白白浪费了许多时间，事半功倍。而有远见的人却恰恰相反，有所成就。

当然，要想真正地看清自己也不是一件容易的事情，它像一种技术，必须勤加练习才有成效。要想成为一个有远见的人，须得经常练习。

成为自己的上帝

上帝只有一个。同样，你也只有一个。这虽然不是让自己成为上帝的全部理由，但是，你却能因此而充满自信。因为从此以后，只有你才能主宰你的命运。不信上帝，只信自己。

外来的挑战虽然严酷，但不管你能不能克服，总有过去的时候；现在对你造成威胁的事件，以后未必还会存在。唯有内心里那个自我永远不会消失。因此，假如缺乏自信心，你这一生一世都无法摆脱它的控制。

为什么我们该相信自己？因为在这世上，每个人都是独一无二的，所以你该相信自己。那为什么你会是这世上独一无二的呢？因为你所做的事，别人不一定做得来；而且，你之所以为你，必定是有一些相当特殊的地方——我们姑且称之为特质吧！——而这些特质又是别人无法模仿的。

既然别人无法完全模仿你，也不一定做得来你能做得了的事，试想，他们怎么可能给你更好的意见？他们又怎能取代你的位置，来替你做些什么呢？所以，你不相信自己，又有谁可以相信？

而且，每个来到这个世上的人，都有他与众不同的特质，所以每个人都会以独特的方式来与他人互动、进而感动别人。要是你不相信的话，不妨想想：有谁的基因会和你完全相同？有谁的个性会和你一毫不差？

基于这种种重要的理由，你应该相信：在这世上，你是别人无法取代的。

不过，有时候别人（或者是整个大环境）会怀疑我们的价值。所谓三人成虎，久而久之，连我们都会对自己的重要性感到怀疑。请你千万千万不要

让这类事情发生在你身上,否则你会一辈子都无法抬起头来。

记住！你有权力去相信自己,所以请放心大胆地去做你想做的事吧！假如因为某些理由让你无法相信自我的话,没关系,请你时时刻刻将这句话放在心里,直到你也能相信自己为止:相信自己,让自己成为上帝,无所不能!

第四章
情商的基石是情绪控制

情绪是生命的能量表现，各种情绪的存在都有价值。情绪本身不是问题，情绪背后的问题才是真正的问题！不良情绪与压力是“孪生兄弟”，自己的能力不够、不能解决或是不愿意解决这个问题时，这个问题才会对我们形成一种压力，随之而来的外在表现就是“情绪的变异”。

情绪、情感与情商

情绪是身体对行为成功的可能性乃至必然性，在生理反应上的评价和体验，包括喜、怒、忧、思、悲、恐、惊七种。行为在身体动作上表现得越强，就说明其情绪越强，如喜会手舞足蹈、怒会咬牙切齿、忧会茶饭不思、悲会痛心疾首等就是情绪在身体动作上的反应。情绪是信心这一整体中的一部分，它与信心中的外向认知、外在意识具有协调一致性，是信心在生理上的一种暂时的较剧烈的生理评价和体验。

心理学认为："情绪是指伴随着认知和意识过程产生的对外界事物的态度，是对客观事物和主体需求之间关系的反应。是以个体的愿望和需要为中介的一种心理活动。情绪包含情绪体验、情绪行为、情绪唤醒和对刺激物的认知等复杂成分。"同时普通心理学还认为情绪和情感都是"人对客观事物所持的态度体验"。只是情绪更倾向于个体基本需求欲望上的态度体验，而情感则更倾向于社会需求欲望上的态度体验。

生理反应是情绪存在的必要条件。为了证明这一点，心理学家给那些不会产生恐惧和回避行为的心理病态者注射了肾上腺素，结果这些心理病态者在注射了肾上腺素之后和正常人一样产生了恐惧，学会了回避。

情绪涉及身体的变化，这些变化是情绪的表达形式；情绪是行动的准备阶段，这可能跟实际行为相联系；情绪涉及有意识的体验；情绪包含了认知的成分，涉及对外界事物的评价。

情绪是指个体受到某种刺激后所产生的一种身心激动状态。情绪状态的发生每个人都能够体验，但是对其所引起的生理变化与行为却较难加以控制。人们处于某种情绪状态时，个人是可以感觉得到的，而且这种情绪状态是主观的。因为喜、怒、哀、乐等不同的情绪体验，只有当事人才能真正地感受到，别人固然可以通过察言观色去揣摩当事人的情绪，但并不能直接地了解和感受。情绪经验的产生，虽然与个人的认知有关，但是在情绪状态下

所伴随的生理变化与行为反应，却是当事人无法控制的。

情绪是从人对事物的态度中产生的体验。与“情感”一词经常通用，但二者又有区别。情绪与人的自然性需要相联系，具有情景性、暂时性和明显的外部表现；情感与人的社会性需要相联系，具有稳定性、持久性，不一定有明显的外部表现。情感的产生伴随着情绪反应，而情绪的变化也受情感的控制。通常那种能满足人的某种需要的对象，会引起肯定的情绪体验，如满意、喜悦、愉快等；反之则引起否定的情绪体验，如不满意、忧愁、恐惧等。

情商是测定和描述人的“情绪情感”的一种指标，具体包括情绪的自控性、人际关系的处理能力、挫折的承受力、自我的了解程度以及对他人的理解与宽容等。现代心理学家认为，情商与智商同样重要，是迈向成功的一个重要因素。

现代西方一些杰出的心理学家经过大量研究指出，在人的智力商数之外，还存在着另一个生命科学的参照元素，叫做情商，即情绪商数。

情商的概念是美国耶鲁大学的沙洛维和新罕布什尔大学的梅耶提出来的。他们在1990年把情商描述为由三种能力组成的结构：准确评价和表达情绪的能力；有效地调节情绪的能力；将情绪体验运用于驱动、计划和追求成功等动机和意志行动过程的能力。

认识自己的情绪，就是能认识自己的感觉、情绪、情感、动机、性格、欲望和基本的价值取向等，并以此作为行动的依据。

管理自己的情绪，是指对自己的快乐、愤怒、恐惧、爱、惊讶、厌恶、悲伤、焦虑等体验能够自我认识、自我协调。有人发现，当自己的情绪不佳时，可以用下列方法帮助调整情绪：首先，正确查明使自己心烦的问题是什么；其次，找出问题的原因；最后，进行一些建设性行动。

激励自我是指面对自己想实现的目标，随时进行自我鞭策、自我说服，始终保持高度的热忱、专注和自制。

认知他人的情绪，指对他人的各种感受，能“设身处地”地、快速地进行

直觉判断。了解他人的情绪、性情、动机、欲望等,并能做出适度的反应。在人际交往中,常从对方的语言及其语调、语气和表情、手势、姿势等来判断他人真实性的情绪和情感。

处理人际关系,是指调控他人情绪的技巧。人际关系协调者,容易认识人而且善解人意,善于从别人的表情来判断其内心感受,善于体察其动机想法。这种能力的具备,易使其与任何人相处愉悦自在,这种人能充任集体感情的代言人,引导群体走向共同目标。

情商概念的提出,使人们对一些现象有了一个很好的解释。这种现象就是:为什么有的人智商很高,却不能成功,而有的人智力平平,却能获得成功?这是因为,不能成功的人缘于这种人的情商比较低。尽管他有很好的判断力,知道事情该怎么做,却控制不住自己的情绪,因此一切只能落空。有的人虽然智力平平,但由于他情商比较高,善于了解自己,认识他人,协调人际关系,而且有不屈不挠的精神,所以他便取得了成功。

人的基本情绪

人的基本情绪主要有:快乐、温情、惊奇、悲伤、厌恶、愤怒、恐惧、轻蔑、羞愧。快乐和温情是正面的,惊奇是中性的,其余六个都是负面的。由于负面情绪占绝大多数,因此,人不知不觉就会进入不良情绪状态。我们的目的就是要塑造阳光心态,把快乐和温情这两个好情绪调动出来,使大家经常处于积极的情绪当中。比如说,我现在不高兴了,我就想办法让自己高兴起来,就像从衣服口袋里把它掏出来一样。想让哪个情绪出来,就能自如地把它调动出来。能做到这一点的是超人,我们不是超人,但会努力去做。因为心情具有两极性,好的心情产生向上的力量,使你喜悦、生气勃勃,沉着、冷静,缔造和谐。

当人们面对那些“危险”情绪时,如果不能及时缓解,可能就会变成绝望,而所有的这些情绪都和疾病相关。如果这些“危险”情绪困扰着你,你感

受到快乐和温情的时候就非常少。

虽然人类的情绪还有许多，但几乎都建立在这九种情绪的基础上。**为了从正面情绪中受益，我们需要学习掌控自己的情绪。**

掌控情绪意味着：你能通过给自己充电，拥有对自己、对生活、对世界的健康信念，来改变自己的不健康情绪。这些信念会给我们带来诸如勇敢、容忍、同情等更为健康的情绪。

情绪是感情的一种表现方式，而不是问题的根源。可是绝大部分人都把情绪看做是问题本身，比如，家长往往针对孩子的情绪而加以斥责，目的只是制止情绪的出现。情绪虽然得到了制止，但是问题并没有得到解决。这样的例子在现实生活中是很普遍的。

情绪是感情的先知，出现了什么样的情绪，就会反映出你的生活和事业哪里出了问题，需要处理。

每种情绪都有其价值，不是给我们指明一个方向，便是给我们一份力量，甚至两者兼有。其实人生中出现的每一件事都提供我们学习怎样使人生变得更美好的机会。情绪的出现，正是促进我们去学习。

比如，你会有被别人看低的感觉，这是你因为别人的行为产生的情绪反应，如果你不甘心，就会发奋努力。这种感觉如同痛感，只有感觉到了痛，才会把手从火炉上抽回，从而保证你的安全。情绪也一样，如果没有各种各样的情绪表现，生命将会变得非常脆弱。也就是说，如果情绪能被妥善运用，是可以使人生变得更美好的。

要“运用”它，必须先使它臣服，受你驾驭。所有的情绪都能被你掌控，就等于你有效地利用了你所拥有的资源。而这些资源是你所独有的。

无论是在工作还是生活中，愉快、欢喜、伤心、愤怒都会陪伴左右，很多人已经习惯，但却不能控制。掌控与利用有效的情绪资源，是面对生活中的挫折、度过情绪的低气压、回到协调的生活状态的有力保障，从而，给我们带来健康的生活。

情绪影响身心健康

人的一生除了生活坎坷和劳累外,“感情伤损”是减少寿命的主要原因。心理上受到的外界刺激要与承受力保持平衡,如果情绪时而高涨时而失落,处于失调状态,就会造成病灶“感情势能”,其潜在的“能量”超过一定限度时,生理代谢紊乱,免疫功能降低,将引发或加重某些疾病的病情。情绪上的开朗与抑郁、炽热与冷漠、喜悦与焦虑、镇定与暴怒,婚姻、家庭及事业上的顺利与挫折、成功与失败,往往相伴而生,互相转化。一旦失落占据上风,主宰情绪,削弱生理机能,则各种致病因子肆虐,有损健康是不言而喻的。

以下是心理专家和医学专家的一些结论:

长期处于负面情绪之中有损健康。紧张和焦虑对身体的损害,其关键不是紧张的程度,而是紧张会持续多长时间。长期处于紧张的情绪中,会损害免疫系统和心血管的功能。

长时间生活在沉重的心情中,可能使脑内产生某些化学变化,从而损害记忆力,出现反应迟钝、健忘、动作笨拙等现象。在受到持续压力的情况下,受影响最大的是脑内海马状组织,它有调节我们始终在运用的一种有意识记忆的功能。

人的三种负面情绪(紧张状态、抑郁状态和常发怒)会影响人体内营养的吸收,使人的体质下降。常常心跳加快、血流加速、消化液的减少使营养在体内难以吸收,并引起胃及十二指肠炎症或溃疡,导致体内的营养素缺乏。

心理压力若长时期得不到缓解和消除,就会产生多方面的不良后果。如心脏病、高血压、头晕等,都与心理紧张和心理压力有关。

情绪消极并不意味着会增加发病的机会,但是这部分人特别容易抱怨他们感冒时的症状,而具有积极情绪的人感冒后表现出来的症状要比消极情绪的人轻得多。所以研究人员认为、快乐、镇定、心情好的人比情绪抑郁

的人更容易远离感冒。

人无论是思考问题或想事情时，大脑里会分泌出“荷尔蒙”——它是联结身心的化学物质。当人想好事或高兴的事时，大脑会分泌出一种叫B—内啡肽的荷尔蒙；如果想悲痛的事或烦恼的事，大脑会分泌出一种有毒的荷尔蒙——去甲肾上腺素。B—内啡肽荷尔蒙能提高免疫力，防御疾病，还能增强想象力，增加记忆力；有毒的荷尔蒙正好相反，它会给人带来疾病，降低免疫力。

情绪危机就是指人的心理经历了极度的波动，其中包括愤怒、沮丧、恐怖，以及由期待而引起的激动和悲痛等。但是，情绪一方面可以致病，另一方面也可以治病。积极的情绪有天然的抗病能力，能使我们奇迹般地保持和恢复健康。

加利福尼亚大学的诺曼·卡滋斯教授在40多岁时患上了胶原病，医生说，这种病康复的可能性是五百分之一。他听从医生的劝告，经常看滑稽有趣的文娱体育节目，有的节目使他捧腹大笑，有的节目使他从心底发出微笑。他除了看有趣的节目，平时还有意识地和家人开玩笑。一年后医生对他进行血沉检查，发现血沉降低了5个百分点。两年以后，他身上的胶原病自然消失了。

这些都提示我们，当身体出毛病的时候，要检查的可能不仅是我们的身体，还有我们的心灵。要时常审视内心，是否有导致疾病的因素，也就是我们的情绪是否陷入了病态？

情绪与幸福指数

情绪是一把双刃剑，它可以让你享受快乐，也可以让你的幸福消失。那么，如何让情绪为我们助威，让我们走出低谷，走向幸福呢？

自我宽容，不要放弃幸福。面对眼前令自己愧疚痛心的事，要学会宽容自己，自我责备是痛苦的。覆水难收，痛苦只会让我们沉沦，别放走现在的

幸福。或许我们可以补救自己的过失，但我们仍然要怀着快乐的心情去做。

玛格丽特·桑斯特是一位杰出的社会活动家。十几年前，她遇到一位一条腿严重扭曲的男孩。极富同情心的玛格丽特立即将这个男孩带到医院做了外科检查。检查后发现，如果经过一系列的手术，小男孩的腿是完全有可能康复的。经过多方奔走和说服，医院同意减免一部分医疗费用，一位银行家开出了一张限额支票，小男孩的家人以及玛格丽特本人也筹集了一部分资金。

一切都进展得非常顺利。“当有一天，我看到小男孩居然跑了起来”，玛格丽特回忆道，“我的泪水抑制不住地流了下来。”

“现在，小男孩已经变成了一位健壮的小伙子，”玛格丽特向她的听众问道，“你们知道他今天是做什么的吗?”玛格丽特顿了一下:“他因为抢劫，正在监狱里度着他的三年刑期。”

说到这里，台下一片寂然，玛格丽特已是泪流满面。她哽咽着继续讲述道:“这是我一生中最愧疚的一件事情。我只顾忙于教他如何走路，却忽略了更重要的事情，那就是教他应该往哪里走!”

每一个人做了愧疚的事后都会不安与后悔，但愧疚无法挽回我们的失误。心理专家这样忠告我们:把苦恼与不幸看做人生不可避免的一部分，当我们遭遇不幸，抬起头严肃地对待它，并且说:“没事的，这一切都会过去。”有时候，虽然我们做得不对，但对于无法挽回的现实，我们也应当笑着应对。自责并不能使自己的过失减轻，只会加重自己的心理负担。玛格丽特·桑斯特做得已经很好了，她帮助小男孩治疗残疾，已经对男孩是很大的恩赐。但如果把男孩的堕落也归结到玛格丽特·桑斯特身上，那便成了错误，这样的话，谁还敢继续去做社会公益事业呢?

一天，同学们发现讲桌上一只装满牛奶的瓶子竖立在一个很重的石罐中。上课的时候，老师拿起牛奶瓶，朝石罐里用力摔去。同学们看着石罐里的瓶子残片，很惊诧地看着老师。“同学们，这堂课与我们的课文没有关系，我想告诉大家一个道理——覆水难收，徒劳无益。”老师指着石罐中的牛奶继续说，“你们可以永远为这杯牛奶感到惋惜，可是这种惋惜并没有办法使

牛奶和瓶子恢复原样。生活中如果发生了无可挽回的事情，记住这只瓶子。”

当我们为一些小事在精神上折磨自己时，我们的身体也同样受到了打击。明明知道事实无法挽回，却偏要去挽救；明知道已经失去，却偏要固执地去为此痛苦不已。这样做，不仅无益，而且对我们的身体、生活，甚至人生都是无谓的浪费。

学会自己宽容自己，别把手中的幸福轻易放弃，即使有些事不可挽救，我们也要怀着快乐的心情去做。

莫怀千岁忧，抓住即时的幸福。“生年不满百，常怀千岁忧。”忧郁会左右现实吗？不会！所以，放下忧愁，不要为自己不能控制的现实影响自己的情绪，幸福可能转瞬即逝，要抓住现在的幸福。

一场场灾难让我们感觉惨不忍睹，我们可能会因此沮丧，或寝食难安，但我们对这些灾难无法控制，甚至轮不到我们去触及。如果被这样的情绪所困扰，你便陷入了一种怪圈之中，你的思想被自己无法影响或无法控制的事情操纵了。

我们在生活中应该明确，哪些事情是自己能够控制的，哪些事情是自己不能控制的，我们的情绪是否会对它产生影响。如果沾不上边的事，我们大可不必耿耿于怀。解放情绪，把快乐留给自己，把烦恼抛开，要学会珍惜眼前的幸福。

悲观的思想对我们的情绪影响很大，忧郁使我们情绪低落，甚至麻木，即使幸福就在身边，也可能拱手相送。莫怀千岁忧，幸福可能转瞬即逝，要抓住现在的幸福。

勇于面对，呼唤新的幸福。面对现实，放下心中的畏惧，利用自己还能利用的条件，去完成梦想。如果失去了左手，我们还有右手；如果失去了健康，我们还有头脑；如果连头脑也失去了，我们还有灵魂！

可能你会在生活中遇到不幸，你的躯体可能会遭受痛苦的折磨，如果你让身体的病痛左右了你的情绪，从此一蹶不振，人生便会从此黯淡无光。

不要以为自己不可以，要敢于面对困难，迎难而上。幸福不是等来的，而是我们从内心呼唤而来的，是我们靠毅力追求而来的。

做自己的情绪调节师

美国得克萨斯州立大学的史密斯教授，曾经针对受测者情绪的变化及其个人生理心理状态做了一个实验。他在实验报告中指出：一般人的情绪大多在处于焦虑、愤怒、恐惧时会有一种来自脑下腺的激素肾上腺皮质刺激素，分泌出来刺激肾上腺，因而影响受测者的生理状态。在这种情况下，受测者极易产生心跳加速、口干、胃部胀痛等生理现象。这种情形如果持续进行，就容易引起心脏病、高血压或胃溃疡等后遗症。

天有不测风云，人有旦夕祸福。日常生活中我们难免会遇到一些挫折、困苦等不愉快的事，而一味地生气、焦虑、怨恨，不但不会使事情好转，反而会严重地伤害身心健康。

人不会永远都有好情绪，任何人遇到灾难，情绪都会受到一定的影响。这时，你一定要操纵好情绪的转换器。面对无法改变的不幸或无能为力的事，就抬起头来，对天大喊："这没有什么了不起，它不可能打败我。"或者耸耸肩，默默地告诉自己："忘掉它吧，这一切都会过去！"

被称为世界剧坛女王的拉莎·贝纳尔，突遇风暴，不幸在甲板上滚落，足部受了重伤。当她被推进手术室，面临截肢的厄运时，突然念起自己演过的一段台词。记者们以为她是为了缓和一下自己的紧张情绪，可她却说："不是的，是为了给医生和护士们打气。你瞧，他们不是太正儿八经了吗？"

拉莎·贝纳尔在面对无法抗拒的灾难时，没有恨天怨地，没有抱怨命运不公。相反，她勇敢地跳出悲伤、焦虑的圈子，重新燃起生活的激情。

一句"他们不是太正儿八经了吗"，说这话时，她心中的情绪转换器调整到了最佳状态！拉莎的手术圆满成功后，她虽然不能再演戏了，但她还能讲演。她的充满生命热情的讲演使她的戏迷再次为她鼓掌。情绪是可以调适的，只要操纵好情绪的转换器，随时提醒自己，鼓励自己，就能常常有好的情绪。

那么，当坏情绪突然来临时，如何调适操纵情绪的转换器呢？下面的方法可供参考：散散步，把不满的情绪发泄在散步上，尽量使心境平和，在平和的心境下，情绪就会慢慢地缓和而轻松。

最好的办法是用繁忙的工作，也可以通过参加有兴趣的活动去补充，去转换。如果这时有新的思想、新的意识突发出来，那就是最佳的补充和转换。

坏情绪会来，也会去，没什么大不了得，没什么好恐慌的。轻松地面对它，接纳它。它会感谢你的盛情，不再打扰你。

学会控制情绪是快乐的要诀

每个人的情绪都会时好时坏。**卡耐基说："学会控制情绪是我们成功和快乐的要诀。"**没有任何东西比我们的情绪，也就是我们心里的感觉更能影响我们的生活了。

每个人都会遇到这样和那样不顺心的事情，天灾人祸随时会降临到你的头上，还有疾病的袭击。如果你总是闷闷不乐地活着，总是在抱怨自己的倒霉，不顺心的事情为什么都会降临到我的头上？那么你的心情是难以快乐的。

情绪的好坏是自己所掌握的，以积极的心态去看待一切事情，你就是快乐的。要是以消极的态度去看待身边的事情，你就是悲伤的，快乐与不快乐就是一种感觉。

当面对各种机会、诱惑、困境、烦恼的时候，要想把握自己，就必须控制自己的思想，必须对思想中产生的各种情绪保持警觉性，并且视其对心态的影响是好是坏而接受或拒绝。乐观会增强你的信心和弹性，而仇恨会使你失去宽容和正义感。如果无法控制情绪，将会因为不时的情绪冲动而受害。

情绪是人对事物的一种浅、直观、不用脑筋的情感反应。它往往只从维护情感主体的自尊和利益出发，不对事物做复杂、深远和智谋的考虑，这样的结果常使自己处在很不利的位置上，或被他人所利用。本来，情感离智谋就已经距离很远了，情绪更是情感的最表面部分，最浮躁部分，以情绪做事，不会有理智可言。

我们在工作、生活、待人接物中，却常常依从情绪的摆布，头脑一发热（情绪上来了），什么蠢事都愿意做，什么蠢事都做得出来。比如，因一句无甚利害的谈话，我们便可能与人打斗，甚至拼命（诗人普希金、莱蒙托夫与人决斗死亡，便是此类情绪所为）；又比如，我们因别人给我们的一点假仁假义而心肠顿软，大犯错误（西楚霸王项羽在鸿门宴上耳软、心软，以至放走死敌刘邦，最终痛失天下，便是这种妇人心肠的情绪所为）；还可以举出很多因情绪的浮躁、不理智等而犯的过错，大则失国失天下，小则误人误己误事。事后冷静下来，自己也会感到可以不必那样。这都是因情绪的躁动和亢奋蒙蔽了人的心智所为。

要想把握自己，必须控制你的思想，对思想中产生的各种情绪保持警觉性，并且视其对心态的影响好坏而接受或拒绝。乐观会增强你的信心和弹性，而仇恨会使你失去宽容和正义感。如果你无法控制自己的情绪，你的一生将会因其而受害。

生活中，更多的人则成为情绪的俘虏。诸葛亮七擒七纵孟获之战中，孟获便是一个深为情绪役使的人，他之所以不能胜于诸葛亮，实人力和心智不及也。诸葛亮大军压境，孟获弹丸之王，不思智谋应对，反以帝王自居，小视外敌，结果完全不是对手，一战即败。孟获一战即败，应该慎思再出招，却自认一时晦气，再战必胜。再战，当然又是一败涂地。如此几番，把孟获气得浑身颤抖。又一次对阵，只见诸葛亮远远地坐着，摇着羽毛扇，身边并无军士战将，只有些文臣谋士之类。孟获不及深想，便纵马飞身上前，欲直取诸葛亮首级。诸葛亮已将孟获气成什么样子了，也可想孟获已被一己的情绪折腾成什么样子了。结果，诸葛亮的首级并非轻易可取，身前有个陷马坑，孟获眼看将及诸葛亮时，却连人带马坠入陷阱之中，又被诸葛亮擒获。孟获

败给诸葛亮，除去其他各种原因，孟获生性爽直、缺乏谋略、为情绪蒙蔽，也是一个重要的因素。

情绪误人误事，不胜枚举。一般心性敏感的人、头脑简单的人、年轻的人，易受情绪支配，头脑发热。

如果你正在努力控制情绪的话，可准备一张图表，写下你每天体验并且控制情绪的次数，这种方法可使你了解情绪发作的频繁性和它的力量。一旦你发现刺激情绪的因素时，便可采取行动除掉这些因素，或把它们找出来充分利用。

情绪控制不等于不动感情

控制情绪就一定是好的吗？不动情绪是心理健康的标志吗？小不忍则乱大谋。一般人的心中，忍耐与自控是成熟的标志。但相反的证据似乎也有。

当消费者大骂不法商贩时，当讨薪民工愤怒示威时，人们却觉得情绪得到宣泄和解放。有时，不控制也是需要的、健康的，现代社会也在宽容着宣泄。该愤怒时敢愤怒，也会博得人们的认同。

每一种情绪都有它存在的价值，只要情绪不是"过度控制"或"失去控制"，都会对我们有所帮助。要是有人欺负你，倘若你并没有适度地表现出情绪，无疑是在鼓励对方继续欺负你；如果你考上了大学，也不动情，不能感到快乐，能认为你的心理健康吗？

很多抑郁症患者最显著的症状是情感淡漠，脑海里一点波澜也没有。生活本是丰富多彩、汹涌澎湃的海洋，热爱生命者属于能进入这海洋游泳扬帆的一类人。楚国曾有一位太子整天躺在床上，死水般消沉，对什么都不感兴趣。有人对他作心理治疗，一再激发他投入生活的兴趣，终于成功，治好了太子的病。愤怒一般被认为是一种不好的情绪，并不绝对。金元时期的名医张子和善于使病人愤怒，运用"怒可胜思"的原理治病，获得奇效。这说

明，只要运用得当，“七情六欲”都可以使身心得益。

强调控制情绪的价值是因为它有利于更长远的、更大的收益。如果控制情绪的收益比将来的收益更小，就没有理由控制情绪了。

对于正向情绪，通常我们共同面临的问题是正向的情绪持续过短，而不是“过长”。我国传统文化比较抑制正向情绪，从一些常见的成语就可以略窥一二，譬如“乐极生悲”“生于忧患，死于安乐”“好景不常在”，这些观念在潜移默化中使我们正向的情绪短命或夭折。长期抑制正向情绪的结果不仅是快乐的感受变少了，最后甚至会忘记快乐为何物。

丰富的情绪变化是上帝给人类的一种赏赐，如此才能充分享受到多姿多彩的人生。

“控制情绪”的一个确切含义是：善于激发积极情绪和适时、适当地释放不良情绪。

情绪的释放与宣泄

布洛伊尔与弗洛伊德发现，在心理治疗过程中，凡是病人能够得到较好的精神疏泄时，病情都会有明显的好转。所以他们认为只有把这些积郁的东西“净化”后，才会收得较好的疗效。在现实生活中，我们也会看到有些心胸开阔、性情爽朗的人，他们心直口快，把自己的不愉快情绪或心中的烦闷诉说出来。这种人的心理矛盾能获得及时解决。可是我们也常看到心胸狭窄的人，爱生气，心中闷闷不乐。由于心理冲突长期得不到解决而发生心理疾病。

一般说来，把怒气发泄出来比让它积郁在心里要好。根据哈坎松 1969 年的一项研究成果，当人发怒时，血压会迅速升高，而当他通过各种方式，如大喊大叫、号啕痛哭或采取报复行动将怒气发泄出来时，血压又会很快地恢复正常。相反，倘若他们将怒气强压下去，那么，他们的血压则需要相当长的时间才能恢复到正常水平。此外，让怒气积郁在心中对心脏的健康尤其

不利，是诱发冠心病的主要原因之一。以上只是指出一个事实而已，它并不意味着我们在同别人发生冲突时应该凭感情行事，毫无顾忌地对别人采取攻击行动。心理学家认为，一个人的身体状态是受其心理和精神状态所影响的，大约有一半以上的疾病是由心理和精神方面引起的，因此，掌握心理平衡对人的健康是非常重要的。

从心理健康的角度来看，长期地积压怒气会影响身心健康，怒气长时间得不到排解就可能变成忧郁情绪。发脾气可以造成神经系统紧张，使内分泌处于亢奋状态，甚至可能引发疾病；从人际关系角度看，一场脾气发下来，别人不仅会敬而远之，多年的交情甚至也可能因此了结。一个懂得如何发脾气、正确发泄自己不满的人才是一个心理成熟、健康的人。喜怒哀乐本是人之常情，没有理由强迫自己控制情绪而忽视，甚至是否定自己的感受。许多心理专家鼓励人们自然宣泄情绪，有气就发出来，不要闷在心里。但随便乱发脾气毕竟是损人不利己的行为，所以每个人最好了解自己的情绪，寻找适当的宣泄方式，关键在于找准渠道。

公元前284年，燕国大举进攻齐国，名将乐毅率大军攻下齐国70余城。最后齐国只剩下莒、即墨两城，已经面临灭国之灾。乐毅将两个城池包围后，采取攻心战术，以和平解决齐国这最后两城为上策，乐毅令部队撤至两城外九里处筑垒，对城中出来的齐国百姓不去骚扰，甚至对其中的贫困者给予救济，慢慢地争取民心。

恰巧此时燕昭王去世，燕惠王继位，齐国守将田单获此消息后，立即派人到燕国散布谣言，燕王立即派大将骑劫换回乐毅。田单再生一计，派人散布谣言说，即墨人最怕燕军割掉战俘的鼻子并将他们置于阵前。骑劫听到后，认为此办法不错，当即下令将降卒的鼻子全部割掉，并将他们排列在阵前。这一下，骑劫中计了。即墨城中的军民见燕军如此残酷地对待战俘，人人愤怒不已。田单又派人散布谣言说，即墨人的先人坟墓都在城外，他们害怕燕军挖掘坟墓，侮辱先人。骑劫不假思索又命令将城外的坟墓全部挖开，将死人弄出来焚烧。城中的军民见燕军如此丧尽天良，无不痛心疾首，个个义愤填膺，纷纷要求与燕军拼命。田单见时机已到，做好作战部署，一场火

牛阵烧得燕军一败涂地。田单乘胜追击，一举收复了齐国的所有失地。

割战俘的鼻子、挖掘齐国人的祖坟等不义之举，不但没有恐吓住齐人，反而激起了他们的极大愤慨，决心与燕军拼个鱼死网破。齐军的愤怒，极需要宣泄，战场上的英勇作战成为齐军士兵宣泄的途径。

首先，我们应该承认，人受了委屈或者憋了一肚子气时，常常需要“释放”怒气，正如火山需要喷发。因此，“宣泄”并不奇怪。其次，我们得承认，选择什么样的宣泄方式，常常会因人而异，比如，理智者会冷静而从容地调整自己的心态，鲁莽者会因其冲动而“莫名其妙”地误伤他人。愚蠢者会莫名其妙地走向极端，甚至采用不可取的自罚形式，这就是一句老话所说，生气时踢石头，疼的是脚趾头。

让清凉的春风把苦恼吹跑，让夏日的流水把苦闷冲走，让优美的歌声给你个诗意，让书中的乐趣送你份安定，如此赶走“苦闷”，不也是一种人生的境界与智慧吗？

其实，倾诉宣泄法属于心理释放法，不良的情绪能量通过一定的渠道释放掉，心理压力自然会恢复平衡。

摔打一些无关紧要的物品能够有效地宣泄，对天空大喊也可以缓解一下自己的冲动。如果你愿意跑到楼下，再爬上楼，每步登两个台阶，跑步上楼更好。还可以与别人聊聊。在日常生活或工作中，经常会产生一些矛盾或意见，这很容易使人发怒。如果我们把心中的不满或意见坦率地讲出来，既可泄怒，又可以通过批评与自我批评增强同事间的团结。或者讲给自己信得过的朋友，你大都会得到安慰。这种释放的方法也是很可取的。

不过，砸东西、踢家具等借着外物转移情绪，虽然可以暂时缓解怒气，但许多人开始担心会不会演变成暴力行为性格？专家认为，若不去察觉情绪的细微变化，而总是以宣泄方式排解，其实怒气并没有真正地被消化，反而会形成恶习，重复发生。

怨恨导致怨恨，报复导致更大的报复。你已经给予了受你报复的人太多的痛苦和仇恨，他有足够的理由展开对你的报复行动。不论你做多少事

情，说多少悔过的话，都改变不了同样的命运。一旦你从复仇中离开的时候，你才会领悟到，自己已经远离了生气的目标——为了解决问题而不是诞生新问题。消极的情绪在宣泄之后，除了在积极的生气之外，你还会给自己积累上复仇、罪恶感、痛苦、怨恨、伤害等感觉，这足以在伤害对方的同时也毁了你自己。

所以做人不得不时时警觉，千万别让自己不可控制的性情毁灭了自己。

运动是不良情绪宣泄的良方

宣泄坏情绪的最好办法是多运动，多拓展自己的兴趣，在运动中可以忘记很多东西。事实证明，当积累的心理能量通过某种运动释放，积累的情感得以宣泄，人便会有一种摆脱重负的快感。现代脑科学的研究结果告诉我们，脑干会在运动的时候分泌出一种快乐物质，也正是这种快乐物质让我们感到快乐。这种物质叫做内啡肽，是一种类似吗啡样的物质，不过它是我们的脑子自己合成的，也就是说，我们完全可以让自己快乐起来。

当积累的心理能量通过某种运动释放，积累的情感得以宣泄，人便会有一种摆脱重负的快感。

在论及如何对付紧张的压力时，人们差不多都把运动列为最有效的松弛方法之一。可以说，多运动是宣泄坏情绪的最好方法。事实证明，当积累的心理能量通过某种运动释放，积累的情感得以宣泄，人便会有一种摆脱重负的快感。

在很多心理学家的眼里，运动是减少焦虑最简单而有效的方法之一。因为消耗体力是人类自然的发泄途径。运动之后，身体会恢复正常的平衡状态，让精神放松。

想一想，当你的心情不愉快的时候，去外面跑上一大圈，回来后会有什么感觉？显然，你会感觉心情好多了，不那么难受了。

怎样运动最有效、最能缓解压力呢？我们知道，运动形式各种各样，通

过运动宣泄自己的情绪、缓解自己的压力，选择合适的运动形式是非常重要的。选择时要特别注意强度和年龄的匹配问题。比如，太极拳和慢跑就是两项适合中老年人的运动项目，这些运动既可以提高血液循环的机能，增加大脑的供氧量，起到健脑强身的作用，同时也不会出现因运动量大而导致其他的不良反应。

一直以来，人们认为“运动得越多越好”。其实这种观点是不科学的。中老年人特别要在运动的频率、时间和强度上有所限制。那么，哪种频率最好呢？一般认为每周从事 3 ~4 次、20 ~40 分钟的有氧运动最合适。

运动需要量力而行，对于我们来说没必要把自己搞得很痛苦。如果把自己逼得太厉害，不仅很危险，而且也不会坚持得太久。如果最初的热情消退，运动就会变成一项苦差事。因此，选择一项自己喜爱的运动，保持一份愉快的体验，心里才不会产生抵抗情绪。

当然，需要强调的是，运动有益健康，但这并不表明它能贮存。年轻时爱好运动的人，如果不能随着年龄的增长而持之以恒，那么疾病的抵抗力也会随着运动的减少而减弱。

笑是舒畅身心最有效的方法

俗话说：“笑一笑，十年少。”“笑口常开，青春常在。”可见笑对身心健康的重要性。笑是一种释放，笑本身就是心情轻松的表现。它能驱散忧虑、压抑的消极情绪，使人变得快乐。英国哲学家斯宾塞说：“生命的潮汐因快乐而升，因痛苦而降。”笑是人的情绪状态最佳的反映。笑能使人产生信心和力量。因此，请大家经常把笑容留在脸上，把笑作为自己终身的心理伴侣吧！

每大笑 1 分钟相当于运动半个小时，而且消耗的热量比不笑时多 20%。这样不仅可以改善心境，还能增加肺活量，促进血液循环，实现强身健体的目的。

笑是舒畅身心最有效的方法，每天大笑几次，则身爽气舒，心旷神怡。马克思说，一份愉快的心情胜过十剂良药。笑能保持和营造一种乐观向上的好心境，能保持内脏功能平衡、协调，解除紧张情绪，给人以舒适感，使人显得神采飞扬。

法拉第是英国著名的化学家，他在年轻时由于工作过分紧张，导致精神失调，身体非常虚弱，虽然长期地进行药物治疗却毫无起色。后来一位名医对他进行了仔细的检查，但未开药方，只说了一句话："一个小丑进城，胜过一打医生！"法拉第对这句话仔细琢磨，终于明白了其中的奥秘。从那以后，他常抽空去看马戏、喜剧和滑稽戏等，经常高兴地发笑，就这样，愉快的心境使他的健康状况大为好转。

在现代社会，工作与生活节奏越来越快，压力也越来越大，这使很多人每天都处于紧张和烦恼之中。一个人若长时间地处在紧张和烦恼之中时，人体的机能就会失调，从而导致内脏的功能紊乱而生病。所以，我们每一个人都应该学会督促或约束自己朝着有益健康的方向努力。具有克制、宽容、豁达、乐观的胸怀，能转移不愉快的情绪。要做到这点，最简便而有效的方法就是多笑、找笑，让笑充满生活。伟大的作家高尔基说："只有爱笑的人，生活才能过得更美好。"

人在笑时，下颌处于下移状态，该部位的下移是人体放松的关键。能使人从紧张的状态中放松的方法，莫过于一笑，平时万念纷飞的大脑只有在笑的时候，才进入了无念无为的纯净状态。一个人大笑时肩膀会耸动、胸膛摇摆、横膈膜震荡，血液含氧量于呼吸加速时增加，而更重要的是脑部会释放出一种化学物质，令人感到心旷神怡。大笑过后，血压会回降、减少分泌令人紧张的荷尔蒙，发自内心的笑是精神状态与免疫系统之间直接相连的"天线"，可以在瞬间增强免疫系统的功能。

那么，在工作与生活中，我们该如何让自己笑起来，使烦恼和痛苦在笑声中不翼而飞呢？

1. **我们可以多看一些幽默的笑料。**比如，幽默小品、漫画书刊，有计划地观看滑稽可笑的电影电视、马戏表演、喜剧艺术，有目的的聆听相声小品、

故事评弹等,使人不由自主地发笑。摘抄或剪辑一些笑料故事,给自己增添乐趣。

2. **要多和爱笑的人在一起**。欢乐是能够共享的,笑是能够传染的。和一个乐观幽默爱笑的人待在一起,自己就会被他的情绪所感染,也变得轻松和愉快。

另外,成年人还可以多与天真的孩了相处。儿童的天真无邪、顽皮活泼,会使大人感到人的天性之美,从而让人不由自主地发出会心的微笑。

总的来说,笑可以使少年儿童天真活泼,身心健康;可以使中青年朝气蓬勃,身强力壮;可以使老年人精神愉快,老当益壮。笑会带来人生的奇迹,笑会帮助人们战胜痛苦,摆脱烦恼。愿大家像弥勒佛一样笑口常开,让生命洒满欢乐的阳光。

哭是一种最简单的宣泄方法

当一个人在情绪不好时,大多数人劝其“笑一笑”,而不是“哭一哭”。因为哭在人们的脑海中被定格为一种对身体不利的情绪反应,往往被人们将之与不好的事情联系在一起。其实,哭泣作为一种常见的情绪反应,对人的情绪恰恰起着一种有效的保护作用。中医认为,哭泣不但可以宽胸理气,使郁闷消除,而且还可以把压抑在体内的感情都发泄出来。所以,当人们的精神蒙受突如其来的打击时,当人们的心情抑郁不乐时,不妨痛痛快快地哭一场。大声地哭出来,就会获得一份好心情!

在现实生活中,哭通常被认为是情感脆弱、意志不坚强的表现。其实这种观点是错误的,哭同样有益于人体健康。

英国著名诗人丁尼生曾在一首诗中记述了这样一件事:有一位战士不幸战死沙场,他的妻子被人带到了他的身旁。当妻子看到丈夫的尸体后,虽然悲痛欲绝,但她并不能哭泣,只是一直发呆。这时,有一位学者说:“妇人必须哭出来,否则她也会死去。”于是大家都劝她心里难受就哭出来,遗憾的

是她仍然没有办法哭出来。

此时，一位聪明的妇女将她的小孩子带到她的跟前，她哭了，说："我的孩子，我要为你而活着。"哭缓解了突如其来的打击对这位妻子所造成的高度紧张，缓解了其心血管和神经系统的压力，从而避免了不幸的后果。

人的情感有多种表达方式。其中哭是人们宣泄情感的主要方式之一，它是人不稳定情绪的激烈反应。当一个人遭受到重大不幸和挫折，如亲人病故或受到极大的委屈、陷入可怕的绝望和忧虑时，既不思食，又不能眠，如果痛痛快快地大哭一场，让眼泪尽情地流出来，心情就会畅快些。

中医学认为"郁则发之。"排解不良情绪最简单的方法就是使之"发泄"。**哭泣不仅可以宽胸理气，使郁闷消除，而且还可以把压抑在体内的感情都发泄出来。**我国有位心理专家说过："号啕大哭从某种程度上体现了现代人寻求内心宁静的单纯渴望，是为剑拔弩张、斤斤计较的生活寻找停歇喘息的机会，悲伤确实能比较有效地缓解焦虑情绪。"

俄罗斯一位家庭心理医生纳杰日达·舒尔曼认为，眼泪经证实是缓解精神负担最有效的良方。比如，有一种叫神经性胃炎的消化道疾病，当情绪紧张的时候，胃就开始一阵阵痉挛性地疼痛。这实质上是胃在"消化"紧张情绪，是一种心病。假如这时人们能大哭一场，把委屈连同眼泪一起挥洒掉，这个病自然会不药而愈。

美国心理学家曾做过调查，把一群成年人按所测的血压分成正常血压和高血压两组，然后问他们平时是否爱哭，结果是87%的血压正常者爱哭，而大多数的高血压患者否认流过泪。由此可以证明，爱哭使患高血压的机会减少。

美国精神病学家也曾对331名18～75岁的人进行过调查，结果表明男性、女性在哭过以后心情都会变得轻松。还有一项由美国斯坦福大学进行的"忧郁症与哭泣行为的相关性研究"发现，有忧郁倾向的人比不忧郁的人更不容易掉眼泪。日本"脑机能研究所"的科研人员也曾做过一项研究，他们让接受测试者观看悲剧电影，以此来测定焦虑的程度。结果表明，当眼泪流下来时，焦虑便得以消除；而故意忍住眼泪，则焦虑会变得更加深重。

因此，哭泣的确能够缓解紧张、焦虑的情绪，有益于身体健康。所以在遭遇悲伤和难以承受的压力时，大家运用以下技巧，尝试让眼泪流下来，痛快地哭上一会儿吧！

具体方法：选择一个安静、无人打扰的地方，舒服地坐下，把双手放在胸前锁骨的上方，呼吸只到手放的地方，出声地、急促地呼吸，倾听喘气声中的感觉，像婴儿一样哭泣，仔细听，感觉其中的悲伤，回想伤心的往事，允许自己自然地流露情绪，你就不会觉得哭泣是很困难的事了。

建议大家在胸闷眼花、太阳穴隐隐作痛的时候做这个练习。给自己几分钟，“哭泣”一会儿，就会感到解脱和放松。

如果在该哭泣的时候却忍住不哭，将强烈的悲伤情绪留存在体内，就会导致全身气机不畅，心中的郁闷无法排解。

“压力实在是太大了！”年届不惑的马悦如是说。马悦是一家大型公关公司的客户总监，每天要工作10个小时以上，而且还要常常同时应对客户、同事和上司几方面的压力。公司在两个月前接了一个项目，客户是一家外地的民营公司，不了解这边的情况，提出很多无理的要求。于是马悦不断地打电话、发电子邮件进行沟通，有时还要坐飞机过去与他们的负责人面谈。可这边的事情还未处理好，同事中又有临时“掉链子”的。作为客户总监的他终于扛不住了，突然觉得非常累，也非常委屈。于是他独自一人来到酒店，喝了半瓶白酒，就趴在枕头上大哭了一场，嗓子都哭哑了，然后就睡着了。第二天清醒过来后，他感觉到心情出奇的好。从那以后，即使没有任何原因，他也会定期找来一些书籍、电视剧，借机大哭一场。

哭是一种宣泄与慰抚，是正常的心理表现，应该顺其自然。如果在该哭泣的时候却忍住不哭，将强烈的悲伤情绪留存在体内，时间久了，心中的压抑就会越积越重，精神负担也就越来越大，进而精神萎靡、情绪低落、叹息不止、夜不成寐、食欲不振、悲观厌世，甚至产生轻生的念头。可以说，强忍眼泪就等于慢性自杀。

美国生物化学家费雷经过调查，发现长期不流泪的人，患病率要比流泪

的人高一倍。研究证明，想哭而强忍着不哭，容易导致忧郁症，并且危害生理健康。因为强烈的负性情绪会造成人们心理上的高度紧张，而当这种紧张被压抑得不到释放时，势必成为一种积累待发的能量，引起机体植物神经系统功能的紊乱。久而久之，会造成身心健康的损害，促成某些疾病的发生与恶化，如引发结肠炎、胃溃疡等疾病。

当大家心情抑郁时，大声地哭出来，就会获得一份好心情。

倾诉可以改变你的坏情绪

当你出现不良情绪，或遇到不愉快的事情时，不要生闷气，而应当学会倾诉。倾诉是一种很好的宣泄方式。你可以向家人、向朋友倾诉心声，也可以躲进一个僻静的角落自言自语，或者借助写作和上网的方式来倾诉心中的不快。很多人发现，心情特别抑郁时，如果有个对象可以倾诉，心中的痛苦宣泄出来了，情绪就会平稳很多。

倾诉是一种主动的心理调节策略，属于一种直接的感情发泄方法，可以向他人倾诉，也可以向自己倾诉，如写作等，倾诉的过程就是帮助自己整理思路、疏泄情绪和释放压力的过程。

在现实生活中，大家经常会遇到不顺心的事，如疾病的纠缠、追求的失败、情感的伤害、工作和生活节奏加快的压力等，而这些事情常常会导致忧郁、恼怒、哀伤、愁怨之类的不良情绪，妨碍正常的学习、生活与工作。如果是一个心胸开阔、性格开朗的人，他会把心中的烦闷诉说出来，以使自己达到心理平衡；如果是一个心胸狭窄、性格内向的人，他就会生闷气，不愿与人沟通，久而久之便有可能引起心理疾病，严重时还会导致如高血压、冠心病、消化道溃疡、肿瘤、偏头痛等身体疾病。

正像鲧治理洪水一样，一味地用堵塞的方法，结果只能使得洪水更加泛滥。**要想减轻或消除各种不良情绪对自己的恶劣影响，就要像大禹治水一样，采用正确的疏导方法，使得这些不良情绪从一种正当的渠道宣泄出去。**

而倾诉正是一种良好的消解不良情绪的方式。

小莫是一个正在读高中的男孩儿，处于青春期的他骄傲而敏感。他的父亲还没有意识到自己的孩子已经是小伙子了。小莫对父亲的有些行为和做法很不满意，有时还和父亲对着干。但事情过后小莫的心里非常不好受。后来，小莫把烦恼告诉了自己的表姐。有些阅历的表姐耐心地开导小莫，还教他把自己的心里话写下来，然后悄悄地交给父亲。小莫这样做了，当父亲看完儿子的信以后，意识到自己的方法欠妥，主动找小莫谈心，父子俩的感情比从前更融洽了。

可见，倾诉是一种很好的宣泄方式。很多人有过这样的体验：心情特别不好时，如果有个渠道可以倾诉，心中的痛苦宣泄出来了，情绪就会平稳很多。

当你的内心充满烦恼和忧郁，出现不良情绪时，切不可忧伤压抑，把心事深藏心底，而应该把这些烦恼向亲人、配偶和知心的人倾诉，以此来减轻忧伤。你也可以躲进一个僻静的角落自言自语，或提笔写几首诗、几篇日记，把烦恼甩到空气里，留在纸上。

向别人倾诉发泄，是把自己的烦恼、愤怒、痛苦等向别人诉说，听听别人的见解，通过交流以有效地释放心理压力。一般说来，人在受负性情绪干扰时，容易变得思维狭窄、固执、偏激，缺乏对行为后果的预见性，而通过适度发泄、情绪放松，则认知可恢复正常。倾诉也会使人在心理上出现一系列的变化：首先是感觉到自己终于被人理解，内心有一种欣慰之感，进而使孤独感得到消除，紧张情绪得到释放，心理上会感到一种解脱，所以说一旦发现自己情绪有问题，及时地找渠道寻求支持和帮助是非常重要的。

在生活中，女性似乎天生比男性更懂得倾诉。比如，当女性的内心压抑和苦闷时，她可能会找朋友或借助于其他渠道进行倾诉，以求得理解和帮助，使情绪得以暂时缓解。男性则不同，他们有强烈的自尊心和男子气，总是觉得自己要坚强，不愿意去倾诉，而是借助暴饮暴食、过量酗酒和抽烟等不良习惯来缓解压力与无助。他们没有想到，这样做不但会导致心理疾病，

还会影响身体健康。心理学家研究认为,40～65岁的男性,心血管疾病的罹患率较女性高出3倍,一方面除了与女性有荷尔蒙激素保护有关外,另一方面则与男性承受压力较女性为高,平时又没有好好地疏导出来有关。所以男性朋友一定要学会疏导痛苦,当觉得承受了太大的压力时,应当找个渠道进行倾诉,不要所有的烦恼都自己扛。

当然,倾诉也要讲究方式与方法,以合适的方式倾诉可以事半功倍。为了使倾诉取得良好的效果,需要对以下问题给予注意:

1. **要选择自己绝对信赖的人**。在很多情况下,那些长期折磨自己内心的问题,一般是一些很私人化的甚至有些是难以启齿的事。如果你不希望这些事在第二天就成为人皆共知的新闻,那么,你所选择的这个人一定要是一个能保守秘密的人。

2. **要选择那些可能会对自己有所帮助的人**。倾诉的目的是使自己心中的坏情绪得到缓解或释放,所以你选择的不仅仅是一个听众,还应该是一个能够根据自己的阅历和见识给你提出很好的建议和意见的人,这样你才会有更多的收获。

3. **切忌喋喋不休**。有的人喜欢整天向别人倾诉自己的不愉快,一遍两遍还能博得同情和劝慰。但时间久了,如此反复倾诉难免让人厌烦,"敬"而远之。倾诉的主要目的是宣泄情绪,得到理解、支持和帮助,而整天在那"捣腾"一些陈年旧账,日复一日,年复一年的喋喋不休,必然会吓跑那些倾听者。

倾诉是缓解不良情绪的有效手段,有一首歌唱道:"蜗牛背着那重重的壳呀,一步一步地向上爬。"人生本已充满艰辛,如果能注意自我调节,甩掉背负在精神上的重荷,那么,在人生的路上你会走得更轻松!

当你烦恼痛苦时,要学会向家人倾诉,因为他们最了解你,家永远是你心灵的港湾。在家人面前,你永远不必戴上虚伪的面具,永远不必掩饰自己的脆弱去强作笑颜,伪装坚强,因为他们是最爱你的人,也是最懂你的人。

曾经看到过这样一段对家的描述:家就是一辆汽车,可以开着它去很远

的地方。父母是轮换开车的司机,孩子就是乘客。当父母年迈之时,孩子就当上司机而父母则变成了乘客。开车时一定要倍加小心,千万不能违反交通规则。遵纪守法的人家,像开车一样不容易出现事故。车子需要经常加油,所以一个家就需要家庭中的每一个人用心投入。作为家庭的成员,不能只用油而不加油,因为油耗完了,车子就无法往前行了。

家也许很小很小,仅仅几十平方米;却又可能很大很大,因为它包含了家人之间无限的关怀和爱。家是我们跌跌撞撞成长的地方;家是一个温暖的港湾,给予我们坚定的依靠;家是我们的思念,是我们的牵挂,是萦绕在我们的心头永远抹不去的情愫……

家,这样一个温暖的字眼,读起来让人倍感温馨!当你烦恼痛苦时,要学会向家人倾诉,唯有家人会以大无畏的心和你一起分担,帮助你解决困难。

家对每个人来说都是重要的,它是人们休憩和获得力量的地方。家人之间的关怀和倾诉,就是获得温暖和力量的重要方式。家人之间的倾诉是外界所替代不了的,家人之间的倾诉直接反映了家人之间的亲密程度。所以,当你出现不良情绪,或遇到不愉快的事情时,要学会向家人倾诉!

当你遇到不顺心的事情时,不要独自承受,应当多和信得过的知心朋友交流谈心。你可以在朋友面前倾诉病痛和委屈,也可以表达愤恨之情,以宣泄心中积压的不良情绪。

周小姐是一家外企的公关经理,最近,公司给她聘来了两名十分出色的助手。这两位助手很受老总赏识,年纪也比她轻,对周小姐产生了威胁,在无形当中给了她很大的压力。于是周小姐的工作效率和稳定性比以前降低了,对未来和前途失去了信心,情绪变得低落忧郁。她有时还感觉自己缺乏充沛的精力和热情,感到自己越来越孤立无助。

这样的境况持续了几个月的时间,刚开始,周小姐以为是工作压力大,过一阵子会好的,也不愿意向朋友倾诉自己的苦恼。结果,没想到这种症状却越来越严重,甚至悲观绝望。此时,她才想起自己应该马上去寻求医生的帮助。经诊断,周小姐得了抑郁性神经症。

白领们遇到心理问题时，最常用的排解方法依次是“闷在心里”“找朋友倾诉”和“尽情地玩”。很多人因为要面子，喜欢把苦闷埋在心里，想靠自我调节度过所谓的低潮期。当然，这种自我调节的方法有时可能会起到一定的作用，但这必然会延长自己痛苦的时间。随着时间的延长，心理的阴影很容易“顺其自然”地发展成一生的痛苦，不但伤害自己，也会令周围的人无法接受。

据报道：“一个人如果有朋友圈子，就能长寿20年。”足见朋友对一个人的生活有多么重要的影响。哲学家培根说过：“如果你把忧愁向朋友倾诉，你将卸载一半忧愁。”生活和工作中难免会遇到令人不愉快和烦闷的事情，有时还可能造成有害于心理健康的长期的压抑情绪；如果有好朋友听你诉说苦闷，那么压抑的心境就可能得到缓解或减轻，失去平衡的心理可以恢复正常，并且得到来自朋友的情感支持和理解，受到启发，增强战胜困难的信心。

人生旅途中，每个人的周围总会有几个志趣相投的知己朋友。当产生不良情绪，或遇上不愉快时，大家聚一聚，一盏清茶、一杯咖啡，奢侈点的来两杯淡酒，就事论事地倾诉一番，把自己积郁的消极情绪倾诉出来。朋友或和你一起分析失败的原因，或一语点醒梦中的你，或鼓励你再接再厉。总而言之，朋友会和你共患难。真诚的眼神，暖暖的话语，告别的时候，你会惊喜地发现，你已经不再郁闷，心中的不快乐早已烟消云散。培根曾说过：“只有对于朋友，你才可以尽情倾诉你的忧愁与欢乐、恐惧与希望、猜疑与欣慰。”

对于男性来说，绝大多数女性是男性的最佳聆听者，因为女性相对细腻、耐心，比较善解人意，比较容易理解和体贴谈话者的处境和苦楚，而男性在女性面前谈吐似乎更坦率，更能畅所欲言。对于女性来说，男性相对豁达、开朗，对她们的困难和感受，能显示出更大的同情和更深切的理解，也是最出色的听众。但在同性之间，他们就不容易获得这种反应。一个拥有男性朋友的女性，往往会将自己的一切问题毫无保留地向他提出，以求得解决

的办法。

从生理学的角度看,男性和女性属于异性相吸,这是因为人体内有一种比意志更能推动肉体的驱动力和本能的力量在起作用。因此,当你心情不愉快时,找一位要好的异性朋友畅谈,能够产生高度集中、高度兴奋的情绪,冲淡、排除烦恼、忧郁、苦闷等意念,使心情轻松、气氛和谐。

为了健康和长寿,在你烦恼、忧郁、痛苦时,不妨大胆地找一位知心的朋友,尤其是异性朋友,坦诚相处,尽情地倾吐、宣泄,以摆脱困境,让自己的精神振作起来。

冥想是情绪调节的最好方法

冥想是一种意境艺术,是专注于自身的呼吸和意识,感知生命每一瞬间的变化,是一种很好的情绪宣泄方法。就如身体的健康,心灵的健康也是非常重要的。每天留一点时间、一个空间给自己的心灵冥想,能让自己整理纷乱的思绪,暂时忘却工作、忘却烦恼,让自己进入到一种全新的忘我境界中。而且冥想还可以预防乃至治疗如癌症、艾滋病、心脏病等多种疾病。荷兰的一项医疗调查显示,经常深思冥想者比很少深思冥想者的发病率要低一半,在染上威胁生命的重病率方面要低 86% 。可以说,冥想是身与心互相沟通的有效方法。

冥想者较一般人更容易达到平静而快乐的状态。通过冥想,可以培养人们的注意力,稳定情绪,并且放松自我,保持身心愉悦。

迷惑、焦躁、嫉妒……总是在不经意间扑面而来,因此人们必须学会关照自己的负面情绪。怎样让这些不愉快的体验快点离开你的生活呢?美国心理学家提出通过用可冥想来宣泄情绪。当你进入冥想状态时,想象力、创造力与灵感便会源源不断地涌出,你对于事物的判断力、理解力也会大幅度提升,同时会有安定、愉快、心旷神怡的感觉。

在忙碌与疲惫共存的现代生活中,冥想已经成为一种流行的、必然的放

松与解压方式。

美国著名女演员海瑟·格拉汉姆曾在医生的指导下练习冥想，每天早晨起床后和下午各练习20分钟，她说："过去我常常因为一些小事而长期担心忧虑，其实这都毫无意义。冥想让我懂得，内心的平静才是最重要的，如果拥有了这份平静，就拥有了所有的东西。"

冥想是一种很好的宣泄情绪的方法。现代人的代表性疾病的根源就是各种压力，而冥想是治疗压力的一个好方法。一个人冥想时，他会暂时远离现实世界的喧嚣，找回心灵深处的平静和集中。在这一过程中，不仅心灵得到了最大的安宁，身体也得到了最大限度的放松，从而找回了身体的健康和平衡。

美国俄勒冈大学的一位教授曾选取40名中国籍大学生为研究对象，他把这些学生分为两组，第一组每天坚持冥想20分钟，连续做5天；第二组每天只做放松训练。结果显示，第一组学生在注意力和整体情绪控制方面都有了明显改进，他们曾经存在的焦虑、情绪低落、愤怒和疲劳感也都有所下降。

冥想不仅仅能使人感觉舒畅、心情平和，还可以改善人的脑结构，起到健脑的作用。研究人员为了弄清冥想的大脑机制使用了核磁共振成像设备，他们用这种技术扫描了15名惯于冥想者的大脑，然后将扫描结果同另外15名普通人的大脑进行比较。他们发现，冥想者的大脑皮层在一些地方比普通人更厚。这表明，冥想可以有效地修复人体因为压力带来的神经和心理损伤，因而具有维护人的心理健康的作用。

美国肯塔基大学的科学家用一种可量化的方法，对冥想的功效进行了一次成功的实验。他们让参加实验的志愿者注视一个液晶显示屏，当某种图像显现的时候，志愿者被要求尽可能快地按动一个按钮。一般来说，图像出现之后，人们按动按钮需要200～300毫秒的时间作出反应，但睡眠不足的人却需要更长的时间，有时甚至无法作出反应。

冥想过程中，人的脑波会变得稳定，心情逐渐变得平和，全身肌肉变得

放松，而体内的吗啡、多巴胺等激素的分泌反而越来越活跃，因此人体的免疫力会逐渐加强，达到预防疾病的功效。冥想可以预防冠心病、高血压、前列腺疾病，还可以降低或控制艾滋病、癌症等慢性疾病所产生的疼痛。有研究者表示，冥想者的技术越高，其免疫系统功能便越好。

冥想是一种意境艺术，专注于自身的呼吸和意识，感知生命每一瞬间的变化。在专注于一呼一吸的同时，记住自身最理想的状态，让自己沉浸在抛开万物的真空状态，找到心灵的平衡。

冥想的方法有很多种，如禅坐冥想、慢走式冥想、音乐冥想、沉思冥想、瑜伽冥想、烛光冥想等。只有找到适合自己的冥想方式，才能够让身心得到最佳的放松状态。如果采用不恰当的冥想法，就会白费心力。

随着社会的发展，冥想作为一种文化也在发生变化。它不再是神秘的事情，而是非常大众化的生活方式。如果你感到压力大、情绪不好，不妨试着去练习冥想。

深呼吸是一把健康的钥匙

德国伟大的诗人和思想家歌德就曾发出这样的赞叹："一呼一吸，是上帝的恩典，使得生活美妙无边。"呼吸对于人们来说太平常，以至于人们常常忽视了呼吸锻炼的作用与重要性。其实，正确的呼吸方式不仅可以改善睡眠、增进健康，而且还与情绪和大脑状态有根本的联系。呼吸和情绪是相互依赖的，如果你能调整呼吸，就有可能调节情绪的波动。

通过呼吸调节，很容易将人的注意力从情感的冲动源转移到自身的呼吸上，将自己的精神统一到呼与吸的行为上，从而达到控制冲动、平息激情、恢复理智、实现自制的目的。

我国有句古谚："掌握呼吸，行沙土而不留足迹。"这句古谚说明，我国古人就知道正确的呼吸能增进生命的活力。《黄帝八十一难经》第八难中说："所谓生气之原，谓十二经之根本也，谓肾间动气也。此五脏六腑之本，十二

经脉之根，呼吸之门，三焦之源。一名守邪之神。故气者，人之根本也，根绝则茎叶枯矣。"可见，呼吸是一把健康的钥匙。

呼吸的影响力不仅仅是在身体方面，它还与情绪、思想息息相关。例如，当人们受到惊吓时，会倒吸一口气并屏住呼吸；当人们感到疲劳和烦闷时，呼吸会被拉得很长，会打呵欠；当人们感到生气或难过时，呼吸就变得没有规律而且起伏很大；当人们感觉紧张、担心或焦虑时，呼吸就会变得很浅；当人们心情愉快时，呼吸就会变得平稳、徐缓。而不当的呼吸方式，会让人变得容易精神紧张、燥郁，负面的情绪及压力自然无法得到释放与舒解。因此，如果你能控制呼吸，就有可能减少情绪的波动。

关于呼吸与情绪的关系，阿拉伯医学家阿维森纳的《医典》第一千零九十一条说："呼吸于是就在原创力的混合体中产生，并逐步接近神圣的生命体。它是一种发亮的物质，是一束光线。"第一千零九十二条中又说："这就是当人看到光明时心中充满喜悦，处于黑暗中便感到失落的缘由。光明与呼吸是和谐的，黑暗却恰恰相反。"从一千零八十八条至一千一百一十五条，阿维森纳全面论述呼吸与体液配属和四原性（即寒、热、燥、湿）的关系，最为突出的是呼吸状态与人类心理情绪的联系。阿维森纳在论述各种情绪怎样产生倾向于它自己的呼吸模式时说，每一个引起高兴或忧伤的刺激，除了取决于呼吸物质的性质和数量外，还应当考虑到其他的影响因素，如心中的情感。人通过改变四性配属，或调整呼吸，或增加呼吸量，从而趋于快乐。相反，外界刺激则将趋于产生伤悲。

气功、瑜伽训练，历来重视呼吸的作用，它们利用呼吸去实现不同的目的。因为调节自身的呼吸方式对于情感、情绪的自控有独特的功效。通过呼吸调节，很容易将自己的"注意力"从情感的冲动源转移到自身的呼吸上，将自己的精神统一到呼与吸的行为上，从而达到控制冲动、平息激情、恢复理智、实现自制的目的。

呼吸是我们心理健康的反映，改善呼吸对许多有情绪障碍的患者是有效的医治良方。美国精神卫生学家亚历山大曾经研究抑制呼吸对情绪造成

的障碍。根据观察，精神分裂症病人多趋向使用上胸部呼吸，而神经症病人则用表浅的横隔式呼吸。因此，有的医生教会病人采用正确的呼吸方式，帮助病人逐渐恢复正常的生活。

从现在开始，请大家学习正确的呼吸方法，以此来减轻焦虑、紧张情绪。当你与人争论而气恼时，或正准备作首次演讲和演出而感到紧张时，或正设法解决一个难题而感到焦虑时，建议你停下来，做几次深呼吸。这时，你就会感到放松，不再皱眉头、发脾气。

最后，我们说一下深呼吸的具体做法：闭目坐在椅子上，努力使自己的心情平静下来，然后慢慢地、较深地吸气，缓慢而有节奏地吸气。充分吸气之后，几秒钟之内停止呼吸，然后把气徐徐地吐出。吐气时，要比吸气时更慢。一边做这样的深呼吸，一边在每次吐气时心中数着“1、2、3……”连续反复多次后，肌肉会从紧张进入松弛的状态，可以使紧张的情绪得到相应的缓解。

心如止水，凡事淡定

小镇上有个瓜摊，卖瓜的王老汉技艺出色：任何一个瓜，只要在他手里掂一掂，就能一口报出瓜的重量，并且丝毫不差。

一天，附近寺院的方丈带着小和尚前来买瓜。面对他们挑拣出的几个香瓜，王老汉眯着眼睛说：“一共二斤六两。”小和尚不相信，用秤一称，果真一两不差。

接下来，方丈又挑了一个香瓜。他告诉王老汉，若是王老汉再能估准那个香瓜，他便将随身带着的一锭银子送给王老汉。那锭银子，足有二两重。

王老汉爽快地答应了。他小心翼翼地托起瓜，掂了掂后沉思不语。过了好一会儿，在旁人的一再催促下，王老汉才咬着牙说是一斤三两。用秤一称，那个瓜分明是一斤五两。

一锭银子，彻底扰乱了王老汉的心神，从而使他难以发挥出自己真正的

水平。这个故事在我们读来仅仅是一笑置之的故事吗？在我们身上是否也出现过这样的情况：越是急于得到的东西，越是难以得到；反而在我们把它忘记的时候，竟然不经意地到手了。也许我们会感慨天意弄人，但是这何尝不是我们心态没有摆放端正的原因呢？

一个人越是看重身外之物，也就越容易迷失自己的内心。淡定，是一种内心情怀的简约化。唯有淡定才能让我们真正地看清这个繁华的世界。原本我们的眼睛有两种功能：一种是往外看，无限地扩展外面的世界；另一种是往内看，无限深刻地发现内心。我们的眼睛总是看外界太多，看心灵太少，这都是因为我们无法平息心中的波澜，做到心如止水。

淡定是一种生活状态，王老汉因为外物的骚扰而扰乱了内心的平静，所以发挥失常。我们也常常会因为外物的骚扰而滋生出许多的消极情绪，愤怒就是其中的一种。只要做到心如止水、凡事淡定，就不会因为外物的骚扰而滋生烦恼了。

生活中，很多时候都不能淡定地面对生活。在单位，看到同事的升迁，有人忌妒、眼红、不服气，甚至煞费心机地"使绊子"、散播谣言；朋友之间，小肚鸡肠、斤斤计较、猜疑重重，甚至为了一时的名利得失不择手段，到头来折磨得茶不思饭不想，夜夜失眠，以至身心疲惫、焦头烂额。我们忘记了内心的淡定和平和，那些心胸宽阔的人无一不是内心淡定之人。也正因为他们心如止水，所以他们才收获了成功，收获了快乐。

淡定是一种生活态度，选择淡定的生活，就是选择了快乐。淡定并不等同于不思进取，不等同于堕落享乐！淡定的人，依然可以有自己的努力目标，依然可以为自己的目标而不停地努力。但淡定的人，不需再为金钱而疲于奔命。淡定的人，可以在自己劳累的时候劝解自己，停下来歇会儿。淡定的人，在失利的时候，便可做到平心静气。

西汉时候，南阳有个人叫直不疑，年轻的时候喜欢读《老子》。在黄老学说的影响下，他遇到事情非常淡定，在家的时候如此，到汉文帝身边当中郎以后还是如此。

直不疑当中郎的时候，住的是集体宿舍，许多郎官住在一起。有一回，同宿舍有个中郎家里有急事要赶回去，匆忙之间，把另一个人的钱袋当做自己的拿跑了。这个钱袋里装着许多铜（因为当时朝廷允许私人铸造铜钱，所以人们都喜欢积攒铜）。

到了晚上，那人发现自己的铜没了，他看宿舍里除了直不疑没有别人，就怀疑是直不疑拿了。他一边嘟囔着："我的铜怎么没了？"一边用眼角去瞟直不疑。直不疑早就看在眼里，他心里想：虽然铜不是自己拿的，但是现在声明也讲不清楚；那人找不到铜，疑心更大，只怕矛盾会越来越深呢。想到这里，直不疑就主动说："不好意思，你的铜是我临时有急用，私自拿去了。你别着急，少了多少铜，明天我就去买回来还你。"那人听了这话，脸色才和缓起来。

第二天，直不疑就去买了同样的一袋铜，交给了失主。没想到过了几天，回家去的那位中郎回来了，一进屋就找到丢铜的郎官，说："真是抱歉，我回家的时候慌里慌张昏了头，把你的铜拿走了！现在如数奉还，请多多包涵！"

那失主一听，愣了好一会儿。这时候，直不疑笑着上前，把事情的原委一五一十地说了。失主羞红了脸，连连向直不疑道歉。从那以后，大伙儿都说直不疑是个淡定、不计较名利的人。

后来，直不疑当上中大夫，跟同僚关系相处很好。可也有个别人造他的谣，传言说：直不疑长得英俊伟岸，难怪有男女作风问题——他经常跟自己的嫂子私通。

有的朋友看不下去了，就把这话告诉了直不疑。直不疑听了，呵呵地笑着对朋友说："你知道我是没有哥哥的呀，哪里来的嫂子呢？"朋友说："那你应该站出来反驳！"直不疑笑眯眯地说："淡定，淡定。只要顺其自然就好，何必多事再生事端呢？"

就这样过了一段时间，谣言不攻自破。可是从开始到结束，直不疑都没给自己辩解一个字。

鲁迅先生说："对付谣言和诽谤的最好的策略就是别理它，坚决别理它，

连眼珠都不要转过去。”但是要做到这种境界的何尝不是一种淡定？没有心境的修为，势必为谣言所累，为自己的内心滋生出的愤怒和焦虑整日不安。

生活中，我们总有太多的抱怨，太多的不平衡，太多的不满足。犹如一个被宠坏的孩子，总是向生活不断索取着。越是拥有，越是担心失去。生活中的很多东西一旦失去，便不容我们找寻。有时幸福就像手心里的沙，握得越紧，失去得越快。有时幸福就像彼岸的花朵，隐约可见，却无法触摸。没有什么是真正的对与错，更没有太多的仇与恨，为何不看淡这一切？其实幸福就在你的身边，拥有一颗平静如水的心，拥有淡定的生活态度，不失为人生的另一种幸福。

原谅并感谢折磨你的人

仇恨心理是生活中常见的一种不健康的心理状态，它不仅会对仇恨对象造成这样或那样的伤害，而且有害自己的身心健康。当我们仇恨我们的敌人时，就等于给他们的成功加了砝码，使人生的天平发生倾斜，这种倾斜会让我们心烦意乱、寝食难安，最终导致疾病和死亡。这样看来，仇恨不仅没有打击到我们的敌人，反而将我们自己的内心严重地摧残了。

生活中总是发生因为一点小事而仇恨多时的事，彼此之间就因为一点小事互相怀恨在心，耿耿于怀，谁也不愿先让一步，关系就僵持在那里。

李飞和杜鹏曾经是非常要好的朋友，一起大学毕业，一起去一个公司试用。他们是无话不谈的哥们儿，在大学期间亲如兄弟。

他们一起拜访了一个大客户，就快谈成一单大生意。已经有了初步的意向，只等第二天签合同。两个人非常兴奋，就在宿舍里喝酒庆祝。结果李飞酩酊大醉，一直睡到第二天清晨。醒来后，发现杜鹏不见了。等去了公司才知道，杜鹏竟然趁他烂醉如泥的时候，提前签成了那单生意。当然，所有的功劳都成了杜鹏一个人的。

李飞气愤不已地找他算账。杜鹏辩解说，喝完酒，心里不踏实，所以打算连夜将那个合同搞定。本来想和他一起去，可叫了他半个小时，也没能把他叫醒。李飞当然不信，可是有什么用呢？因为那单大生意，杜鹏升了职，并一直做到部门经理；而李飞，在很长一段时间里，一直是公司的一个小业务员，他恨杜鹏的背叛，决定与他断绝朋友关系。

李飞一直埋头苦干，一年后也升了职。可他就是不能原谅杜鹏。他和杜鹏彻底绝交，拒绝去一切有杜鹏在的场合。只要看到杜鹏那张脸，他就愤怒到几乎无法自控，恨不得将那张脸砸扁。

杜鹏多次找到他，跟他道歉。可是李飞对杜鹏的道歉总是置之不理。其实李飞并不快乐，尽管他也升到了部门经理。可是同在一个公司，哪怕再小心翼翼，也难免会不期而遇。每到这时，李飞就会把头扭向一边，脸色铁青，哪怕一秒钟前他还在捧腹大笑。然而，一直以来，李飞心里一直很难受。本来犯错的是杜鹏，要受到心灵惩罚的也应该是杜鹏。怎么到最后，竟成了他自己？并且一直持续了好几年？

于是李飞去做了心理咨询，医生告诉他，因为他有太多的恨。如果一个人对另一个人有了仇恨，那么就会不快乐。

“那我怎么办？”李飞说，“要我原谅他？”

“为什么不能呢？事实上，这几年来，你一直在放大一种仇恨，而当一种仇恨在心中被无限放大时，就会变得根深蒂固起来。你想，心中被仇恨占满了，快乐又该放在哪里呢？你原谅他曾经的过错，其实对于你也是一种解脱。”医生循循善诱地说。

第二天，李飞试着跟杜鹏交流了一下。结果，多年的积怨一扫而光，他们再次成了朋友。因为不必刻意回避一个同事，所以李飞的业务做得一帆风顺，并再次升了职。

李飞现在才觉得杜鹏好像并不像他一直想的那样卑鄙。几年前，也许的确是因为他喝多了，也许的确是因为当时年少无知，但不管怎样，李飞决定原谅他。原谅了他，就等于解脱了自己。

因此，在现实生活中，没有必要憎恨我们的敌人，若深入地思考一下我

们就会发现，真正促使我们成功并让我们坚持到底的，真正激励我们并让我们昂首阔步的，不是顺境与优裕，不是朋友和亲人，而是那些常常折磨我们，给我们带来巨大麻烦与不快的人。**因此要学会忘记仇恨，感谢那些折磨自己的人，是他们让我们不懈怠，永远保持拼搏的斗志，我们才能不被残酷的现实所淘汰。**

只有能容纳敌人，才能得到世界。那些成功者之所以能呼风唤雨，就是因为他们懂得放下仇恨，用宽容的习惯支配自己的行动，为他人，也为自己开启了许多方便之门。

然而生活中人们总是对曾经给自己带来伤害的人痛恨不已。仇恨便是源于过去被伤害的不愉快的记忆，人们之所以要记住过去的不愉快，就是要努力防止那些不愉快的事再度发生，避免再度受到伤害。如果一定要把过去的伤痛加诸于现在，那我们便永远走不出过去的阴影，永远也抹不去曾经的伤痛。久而久之，便形成了狭隘的仇恨的心理习惯。法国有句谚语："原谅过去，才能释放自己。"一旦我们原谅了曾经伤害过自己的人，我们的生活就会变得轻松愉快，从而重现生机。

一位从日本战俘营里死里逃生的人，去拜访另一个当时关在一起后来也幸运逃脱的难友，他问这位朋友：

"你已经原谅那群残暴的家伙了吗？"

"是的，我早已原谅他们了！"

"我可是一点都没有原谅他们，我恨透他们了，这些坏蛋害得我家破人亡，至今想起仍让我咬牙切齿！恨不得将他们千刀万剐。"

他的朋友听了之后，静静地说："若是这样，那他们仍监禁着你。"

朋友的话让他一下子明白了不应该对过去的事耿耿于怀，对伤害自己的人恨之入骨，而应以一颗宽容的心接受一切，原谅一切。他终于走出了战争的阴影，成为一个健康快乐的人。

当别人伤害我们时，我们记住的只能是事情，而不应该是仇恨。记住事情我们便有了前车之鉴，不记仇恨我们才能忘记忧愁，心情舒畅。

没有天敌的动物往往最先灭绝，有天敌的动物则会逐步地繁衍壮大。大自然中的这一悖论在人类社会也同样存在着。汤武因为有残暴的商纣做敌人而得到人们的拥护，刘邦因为项羽而谨小慎微，最后得到了天下。换个角度讲，真正使罗马帝国灭亡的正是因为没有了强大的对手。因此我们应该庆幸拥有敌人。放下对敌人的仇恨，以一颗仁慈宽厚的心去接纳他们，这样我们就能得到敌人的尊敬，铸就自己高尚的人格。

敌人能够刺激我们不断进取，获得成功，因此要感谢我们的敌人，有他们的存在，才有我们的不断壮大。

发泄心中的烦恼

在社会大舞台上，每一个社会角色的扮演者，总要面临这样那样的困难处境。面对这些处境的时候，不同的人有不同的处理方法。

睚眦必报，不让自己受到任何委屈。遇到不公正待遇，或是不开心的事情时，当场发作，或愤怒大骂，或伤心痛哭，控制不了自己的情绪。

理智对待，对不开心的事情先冷处理，然后再想办法解决。也就是说，在情绪激动的时候，尽量让自己保持冷静，不做出任何的行动，等冷静思考后再做出反应。

与世无争，全盘接收一切负面信息，并将其堆积在心里。当负面信息堆积到一定程度时，最终将“不在沉默中爆发，就在沉默中灭亡”。

凡正常人都知道这三种方式哪种是最好的，哪种又是不好的。现在闭上眼睛想一想，当遇到触动你情绪的事情的时候，你又是上面的哪种应对方式呢?

第二种做法当然是最好的，是理智之举，也是年轻人应该运用的处世方法。而运用第一种方法的人，遇事冲动，很容易做出一些让自己后悔的事情来。我经常听到身边有很多年轻人发出这样的感叹，“只怪当时一时冲动才跟她吵了几句，现在觉得完全没必要，她已经不理我了，怎么办啊?”“我总是忍不住要骂他，现在想起来，多大的事啊!”

在这里我想要说的是第三种方法——一味地退缩、忍让、压抑而不做出任何的情感宣泄举动，会影响到身心健康。这种处世方法是无论如何也不可取的。

与那些心高气傲、自负的年轻人比起来，还有一部分年轻人，他们出生在农村，家庭条件一般，有些自卑，特别是一些女孩，本身胆小、面子薄，社会经历又不丰富，当他们遇到一些困难，或是受到不公正待遇时，常常将压力埋藏在心里，长久下去，心情抑郁，越发的自卑和不快乐。

压抑是人在社会化进程中习得的一种防御方式，它使人变得理性和文明。心理学家们发现，压抑的东西不会自动消失，压抑的情绪，如悲伤、喜悦、愤怒、思念等，附着心理能量，压抑日久，蓄积的能量就会越来越多，若不疏泄出去，就会扰人心绪不宁，甚至引起躯体疾病，或导致疲惫困倦和免疫力下降。

美国芝加哥郊外的霍桑工厂，是一个制造电话交换机的工厂。这个工厂具有较完善的娱乐设施、医疗制度和养老金制度等，但员工们仍愤愤不平，生产状况也很不理想。为探求原因，美国国家研究委员会组织了一个由心理学家等各方面专家参加的研究小组，在该工厂开展了一系列的实验研究。这一系列实验研究的中心课题是生产效率与工作物质条件之间的关系。

这一系列实验研究中有一个“谈话实验”，即在两年多的时间内，专家们找工人个别谈话两万余人次，并规定在谈话过程中，要耐心地倾听工人们对厂方的各种意见和不满，并做详细记录，对工人的不满意见不准反驳和训斥。结果，这一“谈话实验”收到了意想不到的效果：霍桑工厂的产量大幅度提高。社会心理学家将这种奇妙的现象称之为“霍桑效应”。

霍桑效应中，通过“谈话实验”，工人们把自己长期以来对工厂的各种不满都发泄出来，从而感到心情舒畅，干劲倍增，工厂的产量也因此得到了大幅度的提高。

这其实也是一个关于情绪的“堵”与“疏”的问题。就像一个水池一样，当流通不畅，慢慢地就会堵住了，水从上边溢出来了。当流通顺畅时，杂质

就随下水流走了，水池也就不会堵了。

生活中，谁都会遇到不如意的事情。愤怒、抱怨、发泄有时候也并不一定是贬义词，我们在不伤害他人的情况下，宣泄自己的情绪是有好处的。以前我看过这样一个故事：

有一个运气糟糕的水管工。一次，他被一个农场主雇来安装农舍的水管。水管工先是因车子的轮胎爆裂，耽误了一个小时，接着就是电钻坏了，修了半天，待他干完活准备回家时却发现自己那辆载重一吨的老爷车也坏了。雇主只好开车把他送回家去。到了家门口，满脸沮丧的水管工没有立即进去，他沉默了一阵子，再伸出双手，轻轻地抚摸着门旁一棵小树的枝丫。

待到门打开时，水管工笑逐颜开地拥抱两个孩子，再给迎上来的妻子一个响亮的吻。在家里，水管工愉快地招待了雇主。雇主离开时，水管工送他出来。

雇主按捺不住好奇心，问："刚才你在门口的动作，有什么用意吗？"

水管工爽快地回答："有，这是我的'烦恼树'。我在外头工作，烦心的事情总是有的，可是烦恼不能带进家门，不能带给妻子和孩子，于是我就把它们挂在树上，让老天爷管着，明天出门再拿。奇怪的是，第二天我到树前去，'烦恼'大半都不见了。"

从这个故事中，我们可以认识到一点，我们需要为自己的情绪找一个出口，比如，上面这个水管工的"烦恼树"就是他的情绪出口。那么，我们的情绪出口在哪里呢？

1. **转移思绪**。一般情况下，能对自己的情绪产生强烈刺激的事情，都是与自己的切身利益有很大关系的，要很快将它遗忘，的确很困难。这种情况下，我们可以对其进行积极地转移，即设法使自己的思绪转移到更有意义的方面上，或者主动找知心朋友谈心，或者找有益的书来阅读。当心思有所寄托的时候，人就不会处于精神空虚、心理空旷的状态。记住：凡是在不愉快的情绪产生时能很快地将精力转移到他处的人，不良情绪在他身上存留的时间就会很短。

2. **把烦恼哭出来**。在你过度痛苦时，不妨大哭一场。哭是释放积聚的能量，调整机体平衡的一种方式，能使心中的压抑得到不同程度的发泄，从而减轻精神上的负担。悲痛之极，痛哭一场，就会觉得好过一些；受了委屈之后，找亲朋好友倾诉一番，流掉委屈的眼泪，便觉得心里舒服一些。

不仅如此，哭对健康是有一定好处的，在因发泄情绪尤其是悲伤情绪而哭时，会随着眼泪排出一些化学物质，而正是这些物质能引起血压升高、消化不良或心率过快，把这些物质通过眼泪排泄出去，对身体是有利的。

3. **找朋友倾诉**。倾诉能够减轻心理的紧张感和压力感。心理治疗中有一种处理方式叫“表达性艺术治疗”。其中，倾诉是很好的情感表达解压方式。在情绪低落的时候，可以选择与家人或者亲密的朋友倾诉，他们并不会取笑，相反，会给你更多的鼓励，同时也能增进双方感情，共同解决困难。

4. **运动发泄**。运动是一个较好的发泄方式。比如，当你情绪压抑的时候，可以约朋友一起去爬山、打球等，或是出去跑步、散步，这样就能把因盛怒而激发出来的能量释放出来，从而使心情平静下来。

记住，不是所有的克制都有意义，任何一丝克制都会引起无谓的痛苦，也不是所有的发泄都无价值，任何方法的发泄都会带来快感。请不要压抑自己的情绪，大胆地发泄自己内心的不快吧。

最后要提醒年轻人的是，宣泄情绪的时候，既不要伤害他人，更不要伤害自己，千万不要选择错误的方式，比如，暴饮暴食、抽烟喝酒等来放纵自己，那样只会糟蹋自己的身体。

不幸并不是你悲伤的理由

贫贱的身躯、丑陋的外表、蹩脚的谈吐……这些或许会让你感到无颜见人，可是上帝从来不会因为这些而抛弃你，只要你战胜了他，你依旧有选择成功的权利。就算是一个乞丐，你也有权利去实现自己的梦想！

夏海波，自幼成绩优异，曾以全镇第一名的成绩考入重点中学，被老师

看做是北大、清华的“预备兵”。但是，就在夏海波还在憧憬着自己美好的未来时，厄运突然降临了，他得了重病并被医生确诊为类风湿性关节炎。在接下来将近八年的治疗时间里，使得家里负债累累，但他的病情非但没有好转的迹象，反而变得更加严重了。

面对这突如其来的巨变，他无法接受这个惨痛的现实。一次，他趁家人不注意服下了大量安眠药。好在发现及时，他被及时抢救了过来。

夏海波清醒后的第一件事，便是微笑，他用微笑告诉父母他挺过来了。但是不愿意继续拖累父母的他悄悄地离开了家，来到武汉，他在胸前挂起了乞讨的牌子。从此，在全国的各大城市流浪着这样一个说英语乞讨的身影。

但即使身为乞丐，他还不忘自己对文学的梦想，他将自己的乞讨经历进行了深刻的揭露，并最终创作《乞讨日记》，在2008年出版。

生活中的苦难在很多时候，其实就是一种生活前进的资本，但只有当你战胜了苦难带给你的种种心理生理上的伤害时，你才拥有那份资本。在你心灰意冷一蹶不振时，没有人能够帮你走过那道鸿沟，除了你自己。

其实，再多的苦难，再大的伤害，只要你敢于睁开眼睛正视它，你便能轻而易举地战胜它。自卑其实并不可怕，可怕的是你不知道自己自卑，甚至把自卑当做逃避的借口。但凡成功者，往往能够站在理智的高度上去审视自卑，去战胜自卑，去控制自己的情感。如果一个人，无论在什么环境中，都能很好地用理智去驾驭冲动的情感，那么必将战胜一切困难！

而且，当不幸猝然来临时，任何抱怨和怨恨都无济于事，只有坚韧地面对一切，才能尽快地挣脱不幸的奴役，重新踏上人生的征程。

要知道，在人生漫长的旅途中，并不总是风和日丽、一帆风顺的，很有可能碰到疾风暴雨、艰难险阻，甚至不幸也会猝然来临。这时候，脆弱者屈服了；而坚忍者则能够镇定自若，从容应对。

班·福特生原本是一个身体健康的人。1929年的一天，24岁的他在自家菜园里种菜时，看到豆子秧该搭架子了，于是便开车来到附近的小树林里砍了一大堆胡桃木的枝干。然后，他把那些胡桃木枝子装在车上，开车回家。可不幸的是，当车子行驶到一个急转弯处时，一根树枝突然滑了下来，

正好卡在引擎里，车子冲出路外，把他撞在了树上，他的脊椎因此受伤，两条腿从此失去了知觉。从那以后，班·福特生的有生之年从未再走过一步路。

然而，这时的他才 24 岁，就被判终身坐轮椅生活，班·福特生如何能够接受这个残酷的事实？在事故发生后的很长一段时间里，愤恨和难过占据了班·福特生的心，他时常抱怨命运的不公，对于亲朋好友的看望和照顾，他也视之为可怜、同情和耻辱，于是他总是以一副恶劣的态度来对待。可随着时间一天天过去，他发现愤恨、难过和抱怨并不能改变已经发生的一切，只会使自己什么也做不成，只会带给别人恶劣的印象。他这才开始明白，大家都对自己很好，很有礼貌，所以自己至少应该做到的是：对别人也有礼貌。

从那以后，班·福特生便开始了全新的生活。他开始友善地对待身边的每一人，并开始聆听音乐，以前让他觉得烦闷的伟大的交响曲，现在都能给他带来莫名的感动。

与此同时，他还开始阅读大量的书籍。这些书不仅使班·福特生的生活变得丰富多彩起来，也为他打开了一个崭新的世界，使他的目光和思想比以前更为开阔。"有生以来第一次，"他感慨地说，"我能让自己仔细地审视这个世界，有了真正的价值观念，我开始了解以往我所追求的事情，实际上大部分一点价值也没有。"

更为重要的是，看书还使班·福特生对政治有了浓厚的兴趣。他开始研究公共问题，并坐着轮椅把自己所学和自己所研究的成果，用演讲的形式向人们进行广泛地宣传。他还发表了很多对于公共事业颇有见地的文章，他的观点和思想得到很多人的欣赏和赞同。于是，在一次政界要员的选举中，人们一点也不在意他残疾的双腿，而是毫无异议地将他推到佐治亚州政府秘书长的宝座。因为人们相信这个意志坚韧的人，能够把自己的思想付诸行动！

有人这样问班·福特生："经过了这么多年以后，您是否还会抱怨和愤恨您碰到的那一次意外，或者说那次很可怕的不幸？"

"不会了！抱怨并不能改变一切，愤恨没有改变我的一丁点现状，我现在几乎很庆幸发生过那次意外。"班·福特生——这个残疾人在说这句话的

时候，脸上透露着一种非常自信而温暖的微笑。

是的，当不幸猝然来临时，任何抱怨和怨恨都无济于事，只有坚忍地面对一切，才能尽快地挣脱不幸的奴役，重新踏上人生的征程。当一个人把自卑踩在脚下的时候，当一个人决定不再接受别人怜悯的时候，当一个人决心要给他人带来微笑的时候，潜藏于内心深处的能量就会爆发了。不幸，并不是你选择抱怨和悲哀的理由，当你认为自己真的不幸时，你就真的成为不幸的那个人，从那些“不幸”的人身上我们可以学到如何去应对不幸，你可以寻找自己的梦想，寻找自己幸福的人生。

在现实生活中，要我们记着去感谢那些直接给予我们关心、帮助与掌声的人，这是我们很容易做到的，然而要我们去感谢伤害、欺骗我们的人，我们却很难做到。

20世纪80年代初，年逾古稀的曹禺已经是功成名就的戏剧大家。有一次美国同行阿瑟·米勒应邀来曹禺家做客，午饭前的休息时间，曹禺小心翼翼地从书架中间取出一个装帧极为讲究的小册子，上面装裱着画家黄永玉写给他的一封信，曹禺逐字逐句地把信的内容念给阿瑟·米勒听，神情庄重而语气激动。信中是这样写的：“我不喜欢你解放后的戏，一个也不喜欢，你的人不在戏里，你失去了伟大的灵通宝玉，你为势位所误！命题不巩固、不缜密，演绎分析不透彻，过去数不尽的精妙的休止符、节拍、冷热快慢的安排，那一箩一筐的隽语都消失了……”

事后，阿瑟·米勒撰文描述了他的迷茫：“这封信对曹禺的批评，用字不多但却相当激烈，还夹杂着明显羞辱的味道，然而曹禺念信的时候却神情激动。我真不明白曹禺恭恭敬敬地把这封信裱在专册里，并且又一脸虔诚地念给我听，他是怎么想的。”

阿瑟·米勒的茫然是理所当然的，毕竟把别人羞辱自己的信件裱在专册里，这样的行为太过罕见，而且无法让人理解和接受。然而，曹老之所以这样做，正是因为他拥有无上的品格——感恩，所以他才会“猝然临之而不惊，无故加之而不怒”。心怀感恩，才会对别人的羞辱泰然处之；心怀感恩，

才会把人家的批评作为赏赐，作为自己进步的阶梯。

但在实际生活当中，面对打击与伤害我们的人，与关心和帮助我们的人一样应该受到我们的感谢。前者就像严冬，考验我们的意志，消除我们的傲气，扭转我们膨胀的恶习，让我们更深刻地思考自己的行为，采取更科学的方式生活。前者与后者，就像我们人生路上左右设置的沟谷，他们共同组成人生夹道的轮廓，是我们成长路上缺一不可的护佑神。

当然，要感谢伤害和批评过我们的人并不是那么容易的事，它需要有一定的胸怀和气度，需要我们有全面辨证的眼光。

然而，一旦我们理解与肯定了我们不喜欢的人与伤害我们的人是多么重要，一旦认识到他们对于我们的生活经验的积累是多么必不可少，那么，我们怀抱感激的心态就很容易了，甚至是理所当然的了。

快乐是一种幸运，痛苦也是一种幸运，有了痛苦才让我们更加懂得快乐的内涵，才会更加珍惜所拥有的快乐时光。成功让我们欣慰，失败也同样让我们感到欣慰，因为它擦亮了我们的眼睛，让我们变得更加坚强刚毅。就如同我们应该感谢失败一样，我们也应该感恩于伤害过我们的人，因为他们像是一面照亮自己的镜子一样，照亮了我们人生前进的道路。

当你感觉有些人是你无法原谅的，或者你对他的所作所为感到无法忍受，不要急着下结论，无论是何种原因的折磨，时间都会让它变得无足轻重，而经历了这些折磨的你，会变得更加成熟，更加精明，更加优秀，这对你而言，实在是非常宝贵的一笔财富，你又有什么值得抱怨的呢？

感激中伤你的人，因为他砥砺了你的人格；感激伤害你的人，因为他磨炼了你的心志；感激欺骗你的人，因为他增进了你的智慧；感激鞭打你的人，因为他激发了你的斗志；感激遗弃你的人，因为他教导你应该独立；感激绊倒你的人，因为他强化了你的双腿；感激斥责你的人，因为他提醒了你的缺点。怀着一颗感恩的心，凡事感激，学会感激，感激一切使你成长的人！

懂得放下，学会释怀

懂得放下,学会释怀释怀是人生的一种态度,一种豁达的态度。能够释怀便可以继续愉快地前行。释怀是一种境界,且是一种高瞻的境界。释怀了说明你已经高升了你的视点,可以更清楚地看清前方的路,接下来会走得更稳、更远！我们不要以狭隘短浅的目光去看待爱情,有一种情感的释怀是灵魂升迁的高点。是体现人性完美的意境！

正如一位禅师所说的那样:"你不要伤心,能改变的去改变,不能改变的去适应,不能适应的去宽容,不能宽容的就放弃,一切都要顺其自然。"

一棵枝繁叶茂的桃树,在盛夏时常常结满了累累的果实,可是夏天里的一场狂风却可以将它拦腰斩断。这是因为当它在最繁华的时节,背负了太多的沉重,就像英雄往往魂断于盛年一样。

人的一生中,诱惑实在太多,金钱、名誉、地位、权力、美女、爱情、理想、名车、豪宅……有追求就会有收获,我们也会在不知不觉中拥有许多。有些是我们必需的,而有些却是非必需的。那些非必需的东西,除了满足我们的虚荣心之外,最大的可能就是成为一种负担。

许多人喜欢问:"我拥有什么?"而实际上,一个人"有"的越多,就越"不是"他自己;因为一个人拥有的越多,越没有时间做自己。这就是存在主义哲学观"拥有就是被拥有",为什么这样说?举例来说,我拥有一辆车子,就等于我被这辆车子所拥有,因为我不得不忍受每天上班下班浪费掉的塞车时间,必须时常担心我的车闯红灯有没有被记录在案而会罚款?还要担心油价上涨与燃油税对我的生活的影响！又如你很辛苦地工作赚钱,以前租房子,后来终于自己按揭买了一栋房子。你拥有了这栋房子,你也就被这房子所拥有。因为你不得不更努力地工作,然后每月按时将你的一大半工资"捐"给银行。后来你拼命赚钱,又买了两栋房子,那么你就更累了,每套房子要每月记得准时收租,又担心别人的收入状况而交不起房租,又怕别人不

爱惜你的房子和家具，光景不好的时候还担心房租下跌和房价下降，然后还要考虑怎么应付交税。几年辛苦下来，生活品质下降了，与家人子女的感情也淡漠了。

由此可知，拥有的东西太多时，人的生命内涵以及注意力就分散了，最后反而会被拥有物所拥有，变成了物质的奴隶，以致精疲力竭，丧失了人生的意义。这就是"拥有就是被拥有"。可见，你拥有得越多，你就越不是你"自己"！因此，当我们拥有的物质达到一定水平时，应该学会适当地放弃。

一天，两个和尚背着药箱跟随着师父，去给邻村的一位老婆婆看病。师徒三人一路说说笑笑，不知不觉已走出去五六里山路。穿出树林，前面突然出现一条小河。

师父挽起裤管正要领着两个和尚过河，忽然看见远处有一年轻女子，因为河水太急无法过去，她正在岸边烦恼、发愁。大和尚对小和尚说："我们过去帮帮她吧？"

小和尚说道："师父教戒——莫近女色。附近没有船只，我们又不能背她抱她，怎么帮啊？"正当两个和尚争执不休的时候，师父已经快步走了过去，双手合十，问明缘由，然后背起年轻女子，趟着过膝的河水大步向对岸走去。二人一见，无暇再做争执，赶紧跟在师父后面……

到了对岸，师父放下年轻女子，带着两个和尚继续向前赶路。

师兄弟二人跟在师父后面，默不作声。小和尚怎么想怎么觉得师父今日的做法有违平日对师兄弟二人的教戒，心里暗自嘀咕。又走出去五六里路，小和尚终于忍耐不住了，上前问道："师父，您平日教导我们莫近女色，今日您怎么去背那个年轻女子呢？"

师父听了笑道："我过了河就把她放下了，你却背了她五六里路啊！"

生活中的很多事情都是始料难及的，生活中还会发生这样或那样的不公，并不如我们所预期的那样美好，但只要我们学会释怀，用一颗平常的心去看待，宽容地对待身边的每一个人，生活中的一切不快都会化为乌有。

生命如旅行，若蜗牛负重，何以轻松上阵？唯有抛却肩头挂碍，才能走

得步履匆匆。所以懂得放下是一种智慧，人若能把浮名换作浅吟低唱，便可摆脱一切芜杂烦恼，人生得以升华。现在，你不妨学着适当放下，学会华丽转身，潜心去生活。学会释怀，不以物喜，不以己悲！

发掘生活和工作中的乐趣

有位哲人说过：爬山的时候，别忘了欣赏周围的风景，假如工作的目的是为了挣钱，挣钱的目的是为了投资，投资的目的是为了挣更多的钱，就会在爬山的路上只顾低头爬山，完全忘记生活的目的，就享受不到生命带给自己的快乐。

生活其实没有我们想象中的那么单调，做一个风趣而且更有内涵的人是大家的追求。学习好固然很重要，但是懂得享受生活，懂得亲近大自然会使我们的生活更加充满了阳光，充满了快乐。

学会科学地安排自己的工作与生活，学会忙里偷闲，经常保持愉悦与放松的心情。头脑清醒才能发挥潜力并对身体健康有好多益处。主动改变自己不健康的性格，如不要求过高、心胸开阔容易容人，处理好家庭、领导、同事、朋友间的人际关系。不要计较小事，不要保守不前，对发生的不愉快的事情尽快合理地接受，并投入健康的新生活之中。

无论你的生活还是工作，从中寻找到乐趣，体会生活和工作的快乐，学会享受生活和工作的乐趣，才是最重要的。否则，生活和工作对你来说就是一种折磨，人间就是一座炼狱。

“生活中有一条颠扑不破的真理，”英国哲学家约翰·密尔说，“不管是最伟大的道德家，还是最普通的老百姓，都要遵循这一准则，无论世事如何变化，也要坚持这一信念。它就是，在充分考虑到自己的能力和外部条件的前提下，进行各种尝试，找到最适合自己做的工作，然后集中精力、全力以赴地做下去。”

每个人必须竭尽全力，勤奋工作。因为工作是生活的前提，工作是维系

人类命运的根本，工作是人的需要，是人的天职。人来到这个社会，就应该为这个社会做些事情，在历史的长河中留下一点痕迹。你把精力奉献给你所从事的工作，这个痕迹就一定存在，或深或浅。而到了我们交出接力棒时，就能无愧地说："我今生无悔，因为我尽力了。"

辛勤工作的人从来都被社会和世人所尊重。比尔·盖茨说："我只敬重两种人，没有第三种。第一种是不辞辛劳的劳动者，他们勤勤恳恳，默默无闻，日复一日，年复一年，在改造自然的过程中，活出了人的尊严。我非常敬佩那些从事繁重劳动的体力劳动者。我钦佩的第二种人，是那些为了人类能有一个独立的、丰富的精神世界而孜孜求索的人。他们的劳动不是为了一日三餐，却是为了增加生命的养分。稍事劳作就可以满足日常生活的需要，难道就不需要用艰苦而又神圣的劳动，去换取轻松愉悦的精神生活和内心的自由了吗？我只敬佩这两种人。"

工作有益于身体和心理的健康；工作可以驱赶人们的空虚，给人带来充实；工作能够让黯淡无光的生活熠熠生辉，让人活出快乐；工作能够改造世界，给人以尊严和成就感，从而体现自我价值；工作能够给人们带来无尽的乐趣。

有没有觉得干了一段时间以后工作很不开心？有没有觉得自己入错了行？有没有觉得自己没有得到应有的待遇？有没有觉得工作像一团乱麻，每天上班都是一种痛苦？有没有很想换个工作？有没有觉得其实现在的公司并没有当初想象得那么好？有没有觉得这份工作是当初因为生存压力而找的，实在不适合自己？你从工作中得到你想要得到的了么？你每天开心么？

对这些问题，愤怒的人很多，你有没有想过，你为什么不快乐？你为什么愤怒？其实，你不快乐的根源，是因为你不知道要什么！你不知道要什么，所以你就不知道去追求什么，你不知道追求什么，所以你什么也得不到。

无论对于工作还是生活，我们都需要发掘其中的乐趣，下面几条建议将会使你过得更好。

1. **换个角度看世界。**我们之所以不能沉浸在某一特殊时刻所发生的事情中,关键在于过多地关注了一些利益攸关的目的,而忽略了去发现和欣赏许多美好的东西。赶车上班,与其为那一个多小时的上班车程而忧心忡忡,倒不如把心思倾注于美丽清晨的每一个细节之中,也许一阵清脆的鸟鸣能让你心情愉快,也许刚刚盛开的花朵能使你倍感神清气爽。留一份好的心情带到你的工作单位。

2. **丢掉完美主义的枷锁。**风靡美国的电视连续剧《绝望的主妇》想必大家都不会陌生吧。其中的女强人兰尼特,因为要抚养四个调皮捣蛋的孩子而使自己的生活变得一团糟。她不愿承认自己目前所面临的困境,责备自己的无能,导致最终无法承受,而把孩子们扔给邻居,一个人躲到郊外。在与好友谈心的过程中,她才得知,原来她的朋友们在孩子小的时候也同样面临她现在所承受的压力,她们也绝望过,失落过,在没人的地方偷偷地哭过。原来,她的感觉是很正常的。她接受了自己目前的状况,重新回到家庭中,在抛掉了不应有的想法后,她能更加轻松地照顾孩子,也能够更加宽容,她的生活从此好多了。人非圣贤,孰能无过。对自己多一份宽容,我们也能变得更加轻松。

3. **寻觅一两个"闺中密友"。**在我们烦恼的时候可能并不需要别人讲太多的大道理,更多的时候,我们是希望心理上的郁闷与烦恼能够一吐为快。所以,亲密的"闺中密友"自然是生活中不可或缺的一部分。朋友的倾听能让你理清思绪,朋友的理解能给予你支持和鼓励。试着找寻你的闺中密友吧。

4. **让生活多一些变换。**如果每天在单位中做着同样的工作,回到家里还是按部就班地洗衣、做饭、收拾屋子,时间长了,必然会因为单调而感到疲倦。这时就需要开动脑筋,变换一下生活的方式。可不可以买本菜谱,尝试着做一些新鲜的菜肴,或是找点理由,偶尔全家人来一顿烛光晚餐。每天定时定点看电视的时间是否可以改为出去散散步运动一下。到了节假日全家出游一次。总之,只要是能做到的都可以去试一试,或许只是一个小小的改变就能有意想不到的效果呢。

5. **“胡思乱想”也能消除疲劳。**心理学家研究发现，“胡思乱想”有助于消除工作、生活中的紧张疲劳，起到放松身心的作用。当你感到疲乏、困倦、无聊的时候就去胡思乱想吧。你可以想象着和老公一起又重新回到了蜜月中的旅行，想象着由于自己的工作业绩突出，工资又长了一倍，想象着自己的宝宝一点一点长大……总之，你的思绪可以四处遨游，只要是快乐的、沉醉的。不过，要提醒大家注意的是，这种漫无边际的胡思乱想只是日常生活中的一种补充，而绝不是替代，因此要适可而止，千万不可本末倒置。

第五章
情商的修炼是构造自信

自信表现为一种自我肯定、自我鼓励、自我强化，坚信自己一定能成功的情绪素养。没有自信心，就没有生活的热情和趣味，也就没有探索与拼搏的勇气和力量。

用信心放飞自我

信心是人生最珍贵的宝藏，它可以使我们免于失望，也免于那些不知从何而来的黯淡的念头，使我们有勇气去面对艰苦的人生。可以想象，如果一个人丧失了信心，那是一件多么可悲的事。我们的前途似乎有扇门关闭着，使我们看不见远景，对一切都漠不关心，甚至没有生气的情绪，这使我们误认为是智慧冷酷的终结。其实，并非如此。究其原因，是我们对自己没有信心。

信心不是“想当然”，不是轻信，不是一厢情愿，也不是不管证据如何去盲目地接受，而是交托。是不顾一切阻拦与艰难，去做我们认为对的事情。

人是为了信心，一种有深度需要的信心而生的。相信是很自然的，怀疑却是痛苦的。所以，一旦我们失去了信心，就违背了自己的本性。一切不敢肯定，人生就没有根了。

假使一个人拒绝了高度的、英勇的信心，他就成了各种虚假信心的俘虏。

信心是一种天赋，天下没有一种力量可以和它相提并论。一颗小小的信心可以移动一座高大的山峰。所以有信心的人，没有什么是不可能的。他会遭遇挫折危难，但他绝不会灰心丧气。

几乎每个人都曾有过一段丧失信心的经历，但如果他有智慧，便能从没有信心的阴影里走出来，重新找回自信。童年时凭着信心，驾一叶扁舟航行大海，常会被人生的大风浪弄得船翻人覆。所以仅有幼稚的信心还是不够的。

假使我们有勇气继续前进，对于我们看不到的地方就只有凭信心了。我们进可以攻，退可以守，而最可靠的武器，还是一个更坚定、更崇高的信心。

越是崇高的信心，越是难以把握，但也越是值得把握。一旦你把握它、

拥有它，你将终生受用。在人生路上，在不知不觉间，我们所持有的信心会扶持我们，不论人生的风浪有多大，只要有信心，我们就不会被暴风雨卷走。相反，我们将走得更稳，走得更快。

生命因自信而精彩

现代生活的快节奏，使得人们不得不超负荷地运转，以便跟上时代前进的步伐，这就容易使人疲劳、烦躁、失去信心，甚至走向堕落，从而以玩世不恭的态度消极地对待人生，对待社会，最终无所事事。其实，人生大可不必如此。要自信，要有坚定的信念，生活本身就是一种美，最重要的是你怎样去体味、感受这种美的过程，使生命像四季常青的松柏，能随时焕发出生命的绿色来。

要有自信，要有坚定的信念，要学会为生命喝彩，要经得起失败的考验和锤炼，不要让不经意的失败轻易地碾碎自己脆弱的心，奴役高尚的灵魂，甚至夺取宝贵的生命。其实，失败和不得志算得了什么？它只是人生长河中的一点小插曲，并不代表人生的主旋律。要学会吸收、消化这种点缀。无论前方的道路多么坎坷，前途多么渺茫，失败多少次，你都要坚定地战胜自己，你必须树立起生活的坚定信念，你必须为生命而喝彩。就算在你的生命里只有昙花一现般的辉煌，那也是你的收获，你的胜利。必须树立起生活的坚定信念，必须战胜自我，走出一条完全属于自己的路来。不要让失败的阴影把你的希望抹杀，把你坚定的信念从心灵深处连根拔起，把你从人生的长河中轻易地剔除，毕竟你已经属于了这个社会。

在人生的大道上，没有人为你铺上红地毯，只有你自己是最可靠的，要用第三者的目光去处世，自信地去收获。

一帆风顺、春风得意者能有几人，又有几人能如愿以偿地走自己的希望之路呢？这关键是个对待人生的态度问题。

失败和不得志未尝不是好事。有了它,能使你的信念更加坚定,你的人生更加绚丽多彩。你不要在失败中失掉自信,失掉信念,甚至失掉个性和人格。而一旦这一切都失去了,你作为人类的一切优秀品质都将荡然无存。也许你会变得偏激而容易激动,你会分不清哪是友善,哪是邪恶,哪是同情,哪是冷嘲热讽,哪是善意的帮助,哪是落井下石,所有的一切在你的眼里都会变得朦胧而无奈。事实上,此刻的你更应该学会接受,学会接受危难之秋的种种现实,学会为人生喝彩,学会战胜自我。因为危难之秋的一切没有掩饰,没有做作,都是逼真的。只有此刻,你才能把生活理解得更深刻,把世界洞悉得更明白。如果此时你失掉了自信,不能战胜自己,那无异于自取灭亡。事实上,此时你更应该学会表达一个真实的自我,你的信念将坚如磐石,是你战胜了自己!

但是,如果你对眼前的事实视而不见,充耳不闻,你演绎出来的,必将是一个虚假的你。无论你的伪装多么高妙,都掩饰不了你内心的痛苦。你想哭,却怎么也哭不出来,因为泪腺早已干枯;你想笑,却觉得的确有些尴尬,勉强地笑笑,似乎有些难看,但在你看来,毕竟笑了,足以自慰了。是你抛弃了自己,是你放弃了希望,只有那昔日的痛,像影子,招之即来,挥之不去,亵渎你的灵魂,咀嚼你的心肝,埋葬着你的青春年华。这样,日子就会携着你日渐"丰腴"的记忆和人性,在不经意和无所谓之间轻易地流失。虽然你也希望把青春年少时的梦留住。但一切都枉然,一切都不再是从前。

生命对于我们的意义,就是要我们把所有的能量全部地释放。我们要对自己的国家、社会、家庭都具有责任感,这是我们来到这个世界的理由,也是我们生存的意义所在。因此,在这个物欲横流的世界,你就必须学会自信,你必须奋起,你必须为自己的生命而喝彩,你必须战胜自己,这才是一个真正的你!

人生,因自信而精彩,因坚定的信念而光芒四射。血气方刚的年轻人,一定要壮心不已,毕竟你是风华正茂时,你有五彩的梦,你有真挚的情,你有绚丽的人生,你有高尚的灵魂,你还有什么不能战胜自己的呢?

自信是成功的一种习惯

自信就是一种习惯，只要你从小事做起，逐渐培养，这种优良的习惯就会伴你终生。

汉纳先生在刚刚登上政治舞台时，就非常缺乏自信，他不敢在大庭广众之下开口。第一次面对公众演讲时，他脸色发白，双腿发颤。他当时痛苦不堪，有些观众见了都替他难过。

但他并没有被恐惧压倒。他似乎对自己的尴尬经历看得很淡。他发誓要从失败中走出来，改变自己，树立信心，把自信当做习惯。

在做第一次政治巡回演讲的时候，他决定只做一些很短的演说。这样就没有太大的压力，就不至于太紧张了，就能够尽量轻松地表达自己的想法。这一试，果然奏效。开始小小的成功增强了他的自信心，一路走下去，到这次巡回演讲将近结束时，他已经可以连续讲半小时，也不觉得很吃力了。经他这么一训练，后来，公共演讲倒成了汉纳非常擅长的一种工作。先从容易的事情做起，克服胆小，让一次次的小成功增强自己的自信，久而久之，自信也就培养了起来。

最能促使人前进的一种诱惑，莫过于成功后的成就感。不管大小，只要能做成功，你就可以从中尝到一点成功的滋味，你就会非常渴望更大、更辉煌的成功。自信是一种长期积淀和培养的品质，每当你成功地做完一件事情时，你对自己的信心就会增强一点，一点一滴地积累，最终就成了习惯，所以对自己强大的信心是建立在无数成功的基础上的。

成功是各种各样的。比如，今天又克服困难游了一圈冬泳，比如，你又解答出了一道数学题，或者你把老板交给你的任务完成得漂漂亮亮的，这都是一些积累自信心的机会。虽然它们很小，甚至是微不足道，但如果我们能在小事上经常成功，就会一点点积累起自信，就会充满成就感。

美国最有名的拳击运动教练哈利斯就曾讲过这么一个故事，说他是如

何用这种方法训练麦加芬，使他成为世界轻量级拳击运动的世界纪录保持者。他说：

“这都要取决于慎重地选择与麦加芬比赛的对手。任何人在任何事上取得成功都要像这样。我让麦加芬先和某人较量，然后又和另外一个运动员交手，这样一个一个地下去。每次所挑选的对手，都不会使他很难取胜，这样有利于他的自信心的培养。不过，每次我总会把对手的水平比前面的一个提高一些，每一次取得胜利总会比上一次要难一点，这样，他在每次比赛中都能够有所收获。

我让他慢慢地前进，但是我不让他在某一处停下来。我也不会让他过于自信，每次叫他去应付的那些人不是他所能轻易取胜的。我更不会让他丧失自信，让他去与一个一定会打败他的人过招。”

其实，其他各行各业也都可以用这种训练拳手的方法。这种方法循序渐进，可行性强。可以先去专攻一项难度较小一点的工作，然后把难度再慢慢地加大，这样一步一步地做下去。麦加芬得到世界冠军，就是这样训练的。但是大多数人有时也容易犯这样的错误，他们还没有从小事上得到足够的经验，就急于想去应付一个大的对手，着手一项大的事业，操之过急，急功近利，结果碰钉子，受了打击。这是不可取的。

刚开始工作时，经理是否把最容易推销的产品让你去推销，或者让你处理一些很简单的活，或者让你解决一些小问题呢？如果是这样，那么你就应该抓住机会“操练”自己，积累自信，渐渐地养成一种成功的习惯，从小事上建立起自己的信心，时机成熟了，你就可以有准备地做一些较难的工作了，说不定还能一鸣惊人呢。

经常体验一些胜利的感受，可以激发自己发奋做更难的工作，培养一种坚定的自信心等，这些都可以使人养成一种成功的习惯，并使人获得一种成就感。

一旦你对某件事情充满了信心，你就应该努力地去干好它。结果成功了，你也许马上就能美名远扬，你的名字开始出现在各大报纸的头条，你就

能住上豪宅。从此，你告别了过去的那个自卑的小萝卜头形象，你与名流同在。所以，一切要看你努力的方向。

相反，如果你对于任何事物——包括你自己在内——都缺乏信心，看不到希望，那么你就会随意游荡、漫无目的，最后，你可能是一个流浪者……再最后，生命终结了，一生就这样结束了。

自信是打开成功大门的钥匙

世上只有那些有眼光而又善于抓住机会的人，才能拿自信的钥匙打开成功的大门。自信的人敢于当机立断，摆脱依赖，抛弃拐杖，把握时机出手。

1952年5月，日本企业家早川德次到美国去参观电视机厂，并向他们提出了技术合作建议，希望将这技术引到日本。回国后，他准备向政府申请制造电视机。

在当时全日本只有早川德次提倡发展电视机生产，其他的家电业厂商大多对生产电视机持怀疑态度，不但如此，他们还嘲笑早川德次："电视在日本根本没有远景可言，就仅仅是生产设备就要一笔巨额投资，为什么要在前途未卜的情况下下这样大的赌注呢？"

早川德次并不理会这些冷嘲热讽，从1952年开始，他就大胆投资，建造电视机工厂，生产黑白电视机。早川德次非常自信，他预测他的决策是正确的，他的公司在不久的将来一定会赚一笔钱。

过了不多久，又赶了一个大好时机，日本第一家民营电视台宣告成立，开始播出节目。荧光屏上所出现的奇观吸引了无数的观众。电视机从此渐渐地被人接受，有很多人开始买电视机，早川德次生产的电视机销售量逐渐扩大，他从电视机生产中获取的高额利润，使日本企业家不禁眼红，原来那些对他不屑一顾的厂商也争先恐后地投资生产电视机。

早川德次正是一个自主自立的人，他有自己的主见，并且相信自己，所以他获得了成功。可见，只有自信的人才能抓住机会，赢得成功。否则，只

能眼睁睁地看着别人走路。

没有信心的人，即使有好的机会，也未必抓得住。他只会怨天尤人，或者安于现状，让别人去做开拓者，开出一片好风光来，他在一边观望。

自信的人是幸运的，也是幸福的，他们永远不甘心失败，对未来总是抱着希望。只要还有一口气在，他就会奋斗不止；只要有机会，他就会“出人头地”。失败了、落后了，不后悔、不甘心，非追上超过不可，这是多么雄壮的追求，只要有股劲，无论困难和挫折怎样顽固，早晚也会被他所征服。

不甘心失败，人们就有了原动力。不怕泉水少，就怕泉无源。不甘心失败，就有自信，这泉就有了源头。“亦余心之所善兮，虽九死其犹未悔”。如果被失败所压倒，那么“哀莫大于心死”，一切都没有希望了，如同树木枯朽，如同柴禾已经潮湿，没有生机，也点不着。

对待失败和挫折的正确态度应该是认输却不服输，承认失败，但不甘心失败，这正是自信的力量。

索菲亚·罗兰刚刚迈入电影业大门时，才16岁，很多摄影师对她都不怎么看好：鼻子太长，臀部太发达，不能将她拍得美丽动人。由于很多人对她提出异议，导演就与索菲亚·罗兰商量弥补缺陷的办法。

导演把索菲亚·罗兰叫到办公室，对她说：“我跟摄影师们都谈过了，他们说的都差不多，那就是关于你的鼻子和臀部，你如果要在电影界做一番事业，就应该考虑一下，鼻子做个手术什么的，还有你的臀部也应该削减一些。”

索菲亚·罗兰充满自信地跟导演讲：

“我当然知道我的外形跟那些已经成名的女演员不同。她们都相貌出众，五官端正，而我却不是这样。我的脸毛病太多，而这些毛病加在一起反而会更具魅力！假如我的鼻子上有一个肿块，我会毫不犹豫地把它除掉。但是，说我的鼻子太长，那是毫无道理的。鼻子是脸的主要部分，它使脸具有个性。我喜欢我的鼻子和脸本来的样子。我的脸确实与众不同，但是我为什么非要长得和别人一样呢？至于我的臀部，不可否认，确实有点发达，但那也是我的一部分。我要保持我的本色，我什么也不愿改变。”

导演被感染了。从那以后，他再也没有提及她的鼻子和臀部。反而，这倒传为了一段佳话。

后来，索菲亚·罗兰凭着自己的特点和个性取得了电影界巨大的成就，成为了世界超级女影星。

只有自信的人能征服别人，打动别人，也只有自信的人才能快乐。没有自信的人往往害怕困难，经常陷入对未来的忧虑，或听到一点批评就接受不了。自信的人，敢于面对现实；自信的人，很大度，很自由，他不会给自己太多压力，所以他很快乐。

芝加哥大学校长罗伯·赫金斯以前是个半工半读的大学生，曾经当过作家、伐木工人、家庭老师和卖服装的售货员。后来，他通过努力，取得了现在的成就。

但是，当他当上大学校长以后，众人羡慕的目光投向他，一些批评也接踵而来，许多人反对他当校长，还讲了很多理由：太年轻了、经验不足、教育观念不成熟、学历不够高……

罗伯·赫金斯并没有在意这些批评和指责，就连他的家人也是一样，反而更加自信起来。就在罗伯·赫金斯上任的那一天，一个朋友对他的父亲说："今天早上我看见报上的社论攻击你的儿子，这可对他很不利。"

赫金斯的父亲非常坦然，他说："不错，话说得是凶了点。可是，从来没有人会踢一只死了的狗。"

赫金斯的父亲认为批评与指责不过是外在的形式罢了，对于一个人，自己的信心才是内在的。攻击者大都是出于一种嫉妒心理，赫金斯能够经受得住，能够自信地面对这些不利，实践也证明了他确实具备领导才能。

试想，如果赫金斯一家在外界的批评下没有自信，两句话就把他压垮了，不用说当校长、忙公务，就是做一个正常人，他的生活也会磕磕绊绊，整天忧心忡忡，终将无所事事。

"一个人的个性应该像岩石一样坚固，因为人生所有的东西都建筑在它上面。"这是屠格涅夫的一句名言，对我们深有启发。自信是成功最大的魅力所在，自信是内在的成熟、稳健，它对塑造良好的积极的自我形象至关重要。

逆境是催人奋进的动力

所谓逆境，就是指不顺利的境遇。每个人在学习、工作、生活中，在主观和客观方面，总会遇到许多各种各样的不顺利。俗话说："人生逆境，十之八九。"

社会生活中的不顺利，更多地来自各种挫折与失败，而且是逆境产生的最主要原因，我们不妨从这个角度进行剖析。

人类在同自然的斗争中，受到的失败恐怕更多了，欧立希制成治疗昏睡病和梅毒病的药物"六〇六"失败了数百次。爱迪生发明的电灯，做过试验的灯丝材料有1600多种，失败的次数就更多了。对一个科学工作者来说，失败是家常便饭，而成功却是难得的节日佳宴。越是前人没有做过的开拓性事业，越是目标宏大，困难就越多，失败也越多。

随着时代的进步，许多新的科学方法产生了。如系统工程、控制论、优选法、统筹法等。运用这些科学的研究方法，可以使人们在生产中少走弯路，减少失败的次数，避免重大的损失，但是并不能完全杜绝挫折和失败。成功一般会经过失败，这是人的认识特点所决定的。世界上的事物，无论是自然现象，还是社会现象，都是错综复杂的，有真相，也有假相；有正面现象，也有反面现象；有必然现象，也有偶然现象；有从这个角度反映本质的，也有从那个角度反映本质的。真是"横看成岭侧成峰，远近高低各不同"。而这些现象不是同一天都表现出来的，让你一览无余，而是变化不定，今天是这个样，明天是那个样。人们要认识好如此复杂的事物，把握其内在的规律，必须通过反复不断地观察、实验、研究，由点及面，由一面到多面，由个别到一般，累进地积累资料，比较分析，去伪存真，去粗取精。这是一个反复不断的认识过程，需要有一定的时间。由于人们的认识除了要受阶级立场、世界观、知识水平、个人认识能力的局限性等多种因素影响外，还要受到科学技术发展水平等条件的限制，所以认识的过程相当长，甚至需要数代人连续不

断地努力。在这个过程中，只要正确的结论没有得出，失败就是不断的。

所以不管是谁，如果他想获得事业的成功，就要准备失败，不怕失败。要敢做成功的英雄，也要准备做不怕失败的英雄，而只有做好后者的准备，才有成为前者的可能。不怕失败，是一种可敬的英雄性格。鲁迅先生曾经说过这样一段意味深长的话：我每看到运动会时，常常这样想：优胜者固然可敬，但那些虽然落后而仍非跑至终点不止的竞技者，和见了这些竞技者而肃然不笑的看客，乃正是中国将来的脊梁。在人生这个大运动场上，那些不甘落后、不怕失败、始终向着既定的目标的"竞技者"，确实是最可尊敬的，也是最有希望获得成功的。法国著名生物学家巴斯德说："字典里最重要的三个词，就是意志、工作、等待。我将在这三块基石上建立我成功的金字塔。"

产生逆境的原因

逆境产生的原因可以是多方面的。工作中的失败或失误；进步、发展的愿望受挫；有才能找不到施展的机会；付出的劳动得不到应有的回报或承认；人际关系紧张而导致孤立；生活中的波折等。所有这一切归纳起来，不外乎两个方面：一是客观因素，二是主观因素。

客观因素是指现实中存在着的影响、阻碍个人达到某个目标或实现某种需要的外部环境。一般来说，如果我们的目标和需要超出了现实环境许可的限度，或实现某个目标缺少适宜的客观条件，就有可能招致来自客观环境方面的逆境。我们通常讲的"天灾"，就是造成逆境的客观因素。客观因素包括两个方面：自然因素和社会因素。

自然因素是指自然对人类行为的干扰。如洪水、地震、干旱，人的生、老、病、死，这些非人为力量所造成的时空限制及天灾地变等因素，使人的行为无法达到目标而造成逆境。它往往是人力所无法控制和避免的。另一类是来自社会政治、经济、文化等社会环境的限制而引起的逆境。由社会因素

引起的逆境，情况比较复杂，较之自然因素造成的逆境，对人们的心理与行为影响更大。社会性的逆境，几乎伴随着人们呱呱落地之日起就出现了，因为人是社会性的，必然会产生各种各样的社会性需要，但其中总有一部分不能获得满足，这就会形成逆境。对来自社会政治、经济、文化环境限制而引起的逆境，应该分情况区别对待。对待社会性逆境，正确的做法是在条件许可的范围内奋争，而客观条件暂不具备时，就应该积极地做好准备，同时与耐心等待相结合。

形成逆境，最主要的是由于个人的生理心理因素而带来的阻碍和限制。如前所述，即使客观环境再险恶，如果个人不视为障碍，反觉得是一种锻炼，那也不会形成逆境。只有一个人觉得难以承受某种环境的压力之后，才会感到有逆境。

逆境的主观原因主要来自三个方面：

1. **个体生理条件的限制。**这里是指个体生理上的缺陷、疾病以及容貌、身体等方面对达到目标所带来的限制。

2. **动机冲突。**我们知道，动机是一个人发动、维持或抑制某个活动，导致该活动朝着一定目标进行的内部动因或动力，它是在需要的基础上产生的。人有多种多样的需要，也就有多种多样的动机。动机冲突，是指同时产生了两个或两个以上的动机，都是人急需达到的，但往往“鱼与熊掌，二者不可兼得”。在几个动机并存而又难以决策时，会形成心理矛盾，矛盾持续太久、太激烈，或是其中一个动机得到满足，而其他动机受阻碍，这时就会造成挫折。

3. **能力与期望的矛盾。**在现实中，往往一些人对自己的能力估价太高，其期望个人所欲达到的目标大大超过个人的能力。一旦个人制订的目标或计划终因能力不济而无法达到，而自己又不能从自己身上找原因，认为怀才不遇，千里马常有，而伯乐不常有，就会怨天尤人，产生强烈的身陷逆境的感觉。现代社会的人往往崇尚自我，过于自信，最容易出现能力与期望的矛盾，也最容易因此产生挫折感而陷入逆境。

面对逆境多元心态

逆境往往就是遭遇挫折和失败。挫折，不论从哪个方面来看，都会改变受挫者当时的心理和行为，促使受挫者作出种种反应，只是由于人们对挫折的反应有种种不同的表现。有明有暗，有强有弱，有意识到的和没有意识到的，有积极的有消极的。根据受到挫折后心理和行为的变化方向，把挫折的行为表现分为消极性反应、防卫性反应、积极性反应。

1. **消极性反应**。这是指人在遭遇逆境时伴随着强烈的紧张、愤怒、焦虑等情绪作出的悖于正常的反应，是对逆境的一种退缩、逃避、屈服。这种反应如不及时纠正，并在心理和行为上固定下来，便会形成对逆境的不良反应，较长时期内影响着心理行为的正常发展。消极性反应多为情绪性反应，其表现形式，常见的有攻击、冷漠、幻想、退化、固着、逃避，甚至自戕等。

(1)攻击。这是通过对他人攻击或毁坏周围的物品来发泄强烈的紧张情绪的一种反应方式。攻击按其表现方式，又可分为直接攻击和间接攻击。

直接攻击是指当事者对造成逆境的根源直接表现出攻击行为。间接攻击又叫转向攻击。这种攻击的矛头不是直接指向逆境的根源，而是转向其他的人或物上。出现间接攻击的情况大致有三种：第一种情况是当事者意识到不能对逆境根源进行直接攻击，或碍于身份或因直接攻击反招致更大的逆境（如对象是自己的上司或亲人时），便把愤怒的情绪发泄到其他人身上。日常生活中，有许多人在单位挨了批评，往往拿下级或家人出气。第二种情况是当逆境的原因不明，没有明显的攻击对象时，便将自己的坏情绪发泄到毫不相干的人或物上去，此时遭受攻击的对象便成为“替罪羊”。城门失火，殃及池鱼。第三种情况是一个人对自己陷入逆境的真正原因无法攻击时，也会把痛苦发泄到他人他物上，如一个因疾病卧床的人会无缘无故地蹬被子，甩枕头向亲人发脾气。

(2)冷漠。这是一种与攻击性行为相反的反应方式。即陷入逆境后不

是表现出强烈的情绪反应，而是似乎麻木不仁、无动于衷。

冷漠是经常陷入逆境后的一种反应。用学习理论来解释，是对逆境后攻击失败的一种强化。也就是说，如果个体每次逆境后都以攻击方式或反应且总获成功，那么此人以后便形成逆境后就进行攻击的习惯；反之，如果每次攻击都以失败告终，甚至招致更大的失败，那么便以冷漠的态度处之。

冷漠的反应并不等于陷入逆境后再没有愤怒的情绪体验，其内心深处反抗的怒火并没有熄灭，而是以强大的克制力将愤怒压抑在胸中。正如鲁迅先生所言，“沉默啊沉默，不在沉默中爆发，就在沉默中灭亡。”冷漠的后面也许隐藏着更大的攻击行为。

(3)幻想。这也是对因挫折而产生逆境的一种退缩性反应。即以非现实的方式来排除现实挫折的困扰，在梦幻中达到自己现实中难以达到的目标，满足自己现实中没有满足的需要。这是一种对逆境的变相超脱。

幻想可以使人暂时脱离现实的逆境，使人的情绪在逆境后得到一些缓冲，在一定程度上缓解人陷入逆境后的紧张情绪。但是幻想并不解决现实中的逆境之源，无法突破逆境。幻想过后，仍然是严酷的现实，有可能使陷入逆境者产生更大的逆境感。

幻想也是人们对待逆境常采用的一种反应方式。现实中的逆境越是使其感到痛苦，幻想中的成功越是使他感到愉快和满足，他就越有可能以幻想对付现实中的逆境。一旦成为习惯，不仅有碍于对现实生活的适应，还会形成一种病态的行为反应。“花开得多，果结得少”，“雷打得多，雨下得少”。

(4)退化。退化亦称为“倒退”或“回归”。是指个体陷入逆境时表现出与自己的年龄和身份不相称的幼稚行为。本来，人在社会化过程中总有其与自己年龄角色相称的行为模式。但是，当一个人陷入逆境时，可能打破常规，以简单、幼稚的方式应付逆境，以求得别人的同情和照顾。有人陷入逆境后，便悲痛卧床。这些都是一种倒退。有些人在寻求高层次需要的活动失败后，转而追求低层次需要的满足，这也是退化的典型表现。往往那些追求功名而功不成、名不就的失败者，转而沉湎于醉生梦死的感情生活。对于这种表现，美国心理学家阿德福称之为“挫折——回归”现象。退化的另一

种表现是受挫者缺乏主见，易接受暗示，盲目地相信别人，盲目地随从别人或盲目地执行别人的暗示。

(5)固着。人体陷入逆境后，采取刻板的方式盲目地重复某种无效的行为，就是固着。鲁迅先生笔下的祥林嫂在儿子被狼吃掉后不停地向别人诉说："我真傻，真的……"这种行为，便是固着。它是一种习惯化的反应，是遇到不论什么样的失败都采取的固定了的行为。例如，一个人失败后惯于怨天尤人，即使由于主观原因失败，也还是埋怨别人。

形成固着，与个体多次失败，屡陷逆境有关。一个人在社会生活中一而再，再而三地受到同样的失败，又一时难以克服，就可能慢慢地失去信心，产生破罐破摔的态度，固执己见，一再重复同样而无效的言行。对人的过多过严的惩罚和指责，有可能会导致，"固着"。

一个人失败后的固着并不意味着其内心的平静。在反复失败之后，也会产生茫然的感觉，情绪焦虑不安，生理上出现头昏、心悸、冒冷汗、脸色苍白等反应，甚至失去信心，悲观失望，盲目服从或畏缩不前。

(6)逃避。逃避是指躲开逆境的现实，放弃原来追求的目标，逃到自认为比较安全，而且不再有原来的偏差的地方去。就如"一朝遭蛇咬，十年怕井绳"的心理行为。有的人工作积极遭人讽刺挖苦后，他再也不积极，而是随大流；逃避虽可以使心理紧张得到暂时的缓解，但实际问题尚未解决。长此以往，使人害怕困难和挫折，从此不思进取。

(7)自戕。当一个人陷入逆境过深，而又缺乏对逆境的承受力，有可能陷入绝望的泥潭而万念俱灰。此时，如果得不到外界的援助，当事者又把逆境的原因回归为自己的无能和失误，就可能自暴自弃，而将自身作为发泄的对象，从而伤害自己的身体，甚至轻生厌世。有可能采取上吊、服毒、投河、跳楼等自杀办法来惩罚自己，或以此向他人与社会示威。

2. **防卫性反应**。人在陷入逆境之后，还在自觉地寻找和使用一些策略和方法，应付或适应所面临的逆境，以减弱逆境后紧张、焦虑、不愉快的情绪体验，减轻心理所承受的压力，保护自我，度过逆境。弗洛伊德就认为，人有一种自发的心理调整机能，即"防卫机制"。这种机制在一定程度上使人陷

入逆境后的内心矛盾冲突得到缓和,烦恼和不安得以减轻或消除,使人的心理活动恢复及保持某种稳定状态。

由于人们的社会经历、个性特征、价值观念等各不相同,对待逆境的防卫系统也不相同。其常见的主要有以下几种。

(1)文饰是当事者为自己的逆境寻找合理化的原因,文过饰非,替自己辩护。它又可分为四类。

①酸葡萄反应。即吃不到葡萄便说葡萄是酸的。当个体在追求某一目标而失败时,为了冲淡自己内心的不安,常将目标贬低,说是不喜欢达到或根本就没想达到某个目标。

②甜柠檬反应。即嚼着酸涩的柠檬却硬说它甜。当个体达不到某个预定目标时,便拼命夸大既得利益的好处,缩小或否定其不足之处,借此减轻内心失望的痛苦。

③推诿。即将个人陷入逆境原因,归咎于自身以外的原因以摆脱内疚。

④援例。即援引别人的不合理行为为自己的不合理行为开脱,减轻自己因过失而产生的内心焦虑或罪疚感。

(2)替代。当人的某种需要或满足需要的方式不为环境允许,或因自身条件的限制,无法达到某种目标时,有些人会设法以一个新的目标替代原来的目标,以另一种需要和满足需要的方式替代原来的需要和满足需要的方式。

替代有两种方式:升华和补偿。

升华是指以环境所允许的行为方式取代环境所不允许的行为方式,去寻求某一需要的满足。补偿是指人们以自己力所能及的新目标代替原来的追求,用其他方面的成功来补偿原来的挫折。

(3)认同是把别人具有的、令自己钦慕的品质加在自己头上,或是将自己与所崇拜的对象视为一体,以提高自己的信心,从而减轻失败感。

认同有两种表现形式:一种是个体在现实生活中,无法获得成功或满足时将自己比拟成现实或历史上的成功人物,模仿其衣着言行,在心理上分享成功者的愉快,消除失败而引起的苦闷、焦虑情绪。另一种表现形式是个体

为迎合长辈的欢心，以满足自己的某种需要，在思想和行为上尽可能地与其保持一致。

(4)投射是一种将自己所具有的不为社会所赞许的人格特征反推到他人身上，以维护自尊心的失败防卫方式。如俗话所说的，“以小人之心，度君子之腹”。在投射作用中，不仅否认自己有不为社会所认可的品质，反而将它加之于他人予以攻击。例如，吝啬的人总抱怨别人小气；无能的人往往大讲别人如何不行；自己作风不正派，反而猜测别人有不轨行为；一个本身素质不高的人老是抱怨下级素质太低。

投射与文饰作用十分相近，两者皆是以某种理由来掩饰个人的过失。所不同者，文饰是找出理由为自己的过失辩护，且多半了解自己的缺点和过失。而投射则是否定自己的缺点和过失，并加之于他人身上。

(5)幽默。当一个人因处境困难尴尬时，用幽默解嘲，缓和当时的紧张气氛，把大事化小、小事化了。

此外，在人的防卫机制中，还有压抑、反向、否定等表现形式，这些形式都是为了转移或减轻逆境的压力。因为逆境防卫机制立足于防卫，其作用在于防卫或延缓激动情绪所导致的攻击性或破坏性行为。运用得当是可以产生积极的效用的。如果运用过度或不当，则易滑向消极的一面，妨碍个人的社会适应，甚至造成心理异常的偏差行为。这也是我们要引起注意的。

3. **积极性反应**。对逆境的积极性反应是一种有理智的反应。是当事者审时度势，在逆境面前所采取的积极进取的态度。要高度重视人们在逆境面前的积极因素。鼓励他们战胜逆境，走出低谷，实现自己的目标。积极性反应也有一些不同的表现方式，常见的有三种。

(1)坚持目标，锲而不舍。当个体陷入逆境时，个体并不因暂时的失败而放弃对既定目标的追求，而是分析失败的原因，找出排除障碍的办法，坚定不移地朝既定目标迈进，直至最终实现自己的愿望。很多时候，我们发现，逆境并不是使人知难而退，而是越挫越奋，激发人“不到长城非好汉”的斗志，使人在失败面前最大限度地动员身心潜能，使自己的知识经验、技能

技巧和智能能够达到激活状态，从而有利于冲破障碍，实现目标，日本前首相田中角荣，青少年时期就踌躇满志，浩气冲天，他期望成为演说家、政治家。可他生来就有口吃的毛病，这一不幸是他预期目标的严重阻碍，但田中角荣并没有因生理缺陷而放弃自己的理想目标。他一直试验和选用多种方法来克服这一缺陷：他学习唱歌，用歌曲的节拍感增强语言表达时的音节感；他把小石头含在口中控制舌头的运动，以校正发音。由于持之以恒，他终于克服口吃的缺陷，以至口头语言表达能力迅速提高。他进入政界，发表演说，参加竞选，最终成为日本首相。“功夫不负有心人”的格言再一次得到验证。

(2)合理调整目标，改变行为方式。当个体陷入逆境后，有头脑的人往往会对原来确定的目标及达到目标的行为方式进行冷静的思考。除了从主观努力方面找原因外，还要考虑：是不是原来的目标太高，太不切实际？是不是实现目标的行为方式不对头？苦干不等于蛮干，苦干还应加巧干。然后再根据思考的结果，对原来的目标与行为方式进行调整。

如果是原来的目标定得太高或不切合实际，陷入逆境后，便降低目标退而求其次，使调整的目标符合客观实际也符合个体的实际能力水平。这样就可以较为顺利地达到调整后的目标，降低和避免由于原来目标不当而陷入逆境的紧张和焦虑。经济建设的发展谋求过高过快的速度会脱离现实，不如谋求积极、稳妥、长远的增长，宁可速度放慢一点。如果原来的行为方式不对头，会想到“条条大路通罗马”，曲径通幽，这里走不通，那里总有路，于是通过别的途径和方法绕过障碍，来实现目标。大事没有，就做小事。正所谓“车到山前必有路”，总可以到达目标的。

改变行为方式，合理调整目标，这并不是害怕或放弃目标，是一种实事求是的表现。这样也可以降低和避免由于目标不当难以达标可能产生的失败感。

(3)改变目标，另起炉灶。由于种种因素，目标的确定不符合客观实际，或者由于主观因素发生了变化而不能如期实现原定目标，则立即修正、改变原来的目标，确定一个新的目标，从而实现自己的愿望。在现实中，一定有

许多“东方不亮西方亮”的情况。某人追求某个目标久追不达，而转换方向搞另一套，结果成为某一领域的带头人。

一些人在突然的、意外的重大失败面前，原定追求的目标已不可能实现，在经过痛苦的选择之后，转而追求别的目标或进行另外的活动，也可以从新的成功中获得心理补偿，减轻或转移失败后的痛苦、悲伤、愤慨。鲁迅先生年轻时以“东亚病夫”为耻，决心学医以治国人。后来在日本就读医学时，因观看一场电影而使其深受刺激。电影里有两个中国人被无辜屠杀，而围观的中国人却无动于衷，还在发笑。他突然觉得国人更要医治的是心灵。于是他弃医从文，成为中国新文学的旗手。

淬炼自身，逆流而上

逆境，普遍存在，人们在工作、学习以及整个人生旅途中总会遭遇这种或者那种不顺利的境遇，碰到各种挫折和失败。解铃还需系铃人。要冲出逆境，有赖于自己正确地认识、分析陷入逆境的原因，采取正确的对策，改变错误的行为，克服对逆境的不适应现象，突破困境，实现目标。

要冲出逆境，就必须了解在学习、工作、生活中会有哪些可能导致陷入逆境的原因，防患于未然。

无论哪一个人在他的整个生活中都有可能出现失误或失败，特别是进行一项新的工作，掌握一门新技术，其失误或失败的概率就更大。要“吃一堑，长一智”，善于总结，及时总结，找出原因，在失败中站起来，放下包袱，轻装上阵，消除恐惧、不安的情绪。

在一个群体中，人们都有上进心，人皆求发展。不同的是有的人表现明显，有的人表现隐蔽；有的人表现很强烈；有的人表现很平静。但进步、发展的机会对每个人来说并不均等。有的人也许其才能被埋没，一辈子也难被人发现。

在管理中有一种公平理论。这种理论认为，一个人不仅关心其本人的

收入和支出，而且还关心自己的收入支出与别人收支的关系。如果和别人比较，支出相等而收入不等，便会觉得付出的劳动得不到应有的回报或承认，觉得受到了不公平的待遇，产生一种逆境感，并因此导致工作积极性的下降与工作效率的降低。

人们总是从群体中获得一种归属感、安全感。因此，社交是人的一种基本需要。生活中的波折是指日常生活中有可能出现的一些波折。如家庭的破裂、财产受到损失、亲人的死亡等，都会引起人们思想上的波动、情绪的紊乱和行为的偏向。

在日本某企业，如果劳工之间出现矛盾，如吵架、打斗等，资方往往采取下述措施：先送当事人进到第一间房——哈哈镜室，让当事人照哈哈镜看自己可笑的形象，使其紧张、发怒的情绪放松下来；然后进第二间房——傲慢像室，里面有一橡皮人，人像斜视你，表示蔑视，要你用榔头打此橡皮人以泄愤；再到第三间房——弹力球室，墙上用橡皮筋系着一个球，要当事人使劲拉开球，然后松手让球弹到墙上，再反弹到别人的脸上，意思是说你惹人家，人家就会报复你；第四间房是劳工关系展览室，即相互友爱的历史；第五间房是思想座谈室，经理在里面等着当事人，进行正式的谈话，以最终解决问题。可见，日本的管理者是很注重疏导的方法的。疏导非单一的说服，而是一门综合性的思想工作艺术。

宣泄，即“清洁身心”。在心理学医疗中，患者把自己思想中某些讨厌的东西都讲出来，并使这些思想得到澄清，身心得到纯洁。根据宣泄的理论，如果我们想要使对象减轻逆境带来的压力，就得让他把心中许多痛苦的事情都说出来。而要减少因逆境带来的侵犯行为，社会就要设计和提供一定的情境和条件，让个体有象征性宣泄的机会。国外的一些企业就注意到了这一点。日本的松下电器公司设立了“出气室”；美国的威尔逊培训中心设立了“精神发泄室”；近年来还出现了一种十分奇特的行业——泄气服务中心，到泄气中心来的人可以进入一个房间，关上门任其发泄，他们往往在房间内暴跳如雷，把室内的摆设打得稀烂，直到闷气出尽，得到满足。

怎样引导陷入逆境者宣泄自己压抑的情绪呢？

1. **倾诉**。陷入逆境后总觉得心中有许多委屈，希望找亲人、朋友和自己信得过的人尽情倾诉。

有意地让陷入逆境者参加其他活动，借助活动把逆境中产生的情绪所积聚的能量排遣出去，使情绪得到缓和。例如，有人因陷入逆境气愤得不得了时，到运动场上猛踢一场球，猛打一阵沙袋，弄得满头大汗、气喘吁吁，心中的风暴就会平息下来。

进行迁移，可以从三个方面着手：

一是目标替代。即在稳定陷入逆境者情绪的基础上，分析现实，重新审定目标，并设立一个目标来替代原来的目标。

2. **情境转移**。即为了帮助陷入逆境者摆脱不良情绪的困扰和困难情境的纠缠，参加使自己愉快的活动，暂时避开困难情境，从而把注意力从引起不良反应的刺激情境上转移到其他事物上。可以回顾生活中一些愉快的往事，传播自己感兴趣的喜悦，或出外旅游，或听听音乐，看看喜剧，以转移自己的情绪，冲淡自己的苦闷。

3. **环境调节**。改变环境，减少环境中困难的因素；换个新环境，让自己在新天地里重新有作为。有的人在一个地方陷入逆境后换个环境重新崛起，这样的例子也不少。

矛盾意向法的使用，就是让陷入逆境者努力去做他最害怕发生的那些事情，甚至不惜用强制的手段让他去做。这一方法使人以先发制人的方式，克服对困难的预期焦虑，以便从容镇静地对付面临的局面。新兵上战场前总是恐惧的，害怕流血，害怕死亡，但军令如山倒，迫使他真正面对流血和死亡时，他也会变得从容镇静起来。

战胜困难，突破逆境，最终还是要靠当事者自己，充分发挥人的主观能动作用，通过自我意识对失败心理进行控制和调节，防止和克服消极的情绪，产生积极的行为反应。

对付逆境的自我调节方法较多。用得频繁的主要有自我暗示法、放松调节法、想象脱敏法、相向调节法、呼吸调节法。

自我暗示法的特点在于自己通过语言或想象自己的身心机能发生变化，如发怒时，心里在说“不要发怒”，着急时警告自己“不要着急”等，这种方法简洁，并且容易达到良好的效果。林则徐在自己的办公室挂了一个“制怒”的条幅，就是自我暗示法的例证。

放松调节法是通过对身体各部分主要肌肉的系统放松练习，则可抑制这些伴随着紧张而产生的生埋反应，从而减轻心理上的压力与紧张焦虑的情绪。

以积极的心态面对厄运

尘世中的每一个人都不可避免地要经历苦雨凄风，然而面对艰难困苦，应保持一种什么样的心态，将直接决定你的人生轨迹。

两个囚犯，从狱中眺望窗外，面对同样的际遇，一个持一种悲观失望的灰色心态，看到的自然是满目苍凉、了无生气；另一个则持一种积极乐观的明快心态，看到的自然是星光万点、一片光明。

人生在世，困难、挫折不可避免，关键看你是想战胜它，还是甘愿忍受它的摆布。做出不同的选择将会有不同的命运在等待着你。

第二次世界大战期间，有位犹太裔心理学家被关押在纳粹集中营里受尽了折磨。父母、妻子和兄弟都死于纳粹之手，唯一的亲人就是他的妹妹。当时，他本人常常遭受严刑拷打，死亡之神随时都会青睐于他。

有一天，他独处囚室时，忽然悟出了一个道理：就客观环境而言，我受制于人，没有任何自由；可是，我的意识是独立的，我可以自由地决定外界刺激对自己的影响程度。后来他发现，在外界刺激和自己的反应之间，他完全有选择如何作出反应的自由与能力。

于是，这位心理学家靠着各种各样的记忆、想象与期盼不断地充实自己的心灵和生活。他学会了心理调控，不断地磨炼自己的意志。因此，他的自由心灵早已超越了纳粹的禁锢。

每个人都有自己的特殊工作和使命，他人是无法取代的。生命只有一次，不可重复。因此，实现人生目标的机会也只有一次。归根到底，实际上不是我们询问生命的意义何在，而是生命正在向我们提出质疑，它要求我们回答：我们存在的意义何在？所以，我们只有对自己的生命负责，才能理直气壮地问答这一问题。

其实，在你的精神活动领域，在你的日常生活里，在你所从事的事业中，在你渴望成功，甚至正在走向成功的道路上，都有一个永恒不变的法则在伴随着你，那就是：你是自己命运的主宰，你是自己人生态度的主宰。

人的一生，或多或少，总是难免有浮沉，不会永远如旭日东升，也不会永远痛苦潦倒，反复地一浮一沉，对于一个人来说，正是一种磨炼。所以，如果我们能保持一种健康向上的心态，即使我们身处逆境，四面楚歌，也一定会有“山重水复疑无路，柳暗花明又一村”的那一天。

乌云过后总会有阳光

我们很多人都有这种切身感受：当自己春风得意之时，便会感觉生活处处充满阳光；而一旦遇到困难，或身处逆境时，就觉得生活一片阴暗，甚至感到世界的末日即将来临！因此，个人主观性在很大程度上影响和改变着一个人的生活和事业。

第二次世界大战时，有个士兵在一次战役中被炮弹碎片刮伤喉咙。他写了张纸条问医师：“我会活下去吗？”医师回答说：“会的。”他又问：“我仍可以讲话吗？”他又得到了肯定的答复。于是这个士兵在纸上写道：“那我还有什么好担心的呢？”

是啊！我们为什么不也停止忧虑，对自己说：“我还有什么好担心的呢？”也许你就会发现，你所面临的逆境其实微不足道，不值得操心。

拿破仑·希尔曾说：“每种逆境都含有等量的成功的种子。”试想，生活中是否曾经有些事情似乎有巨大的困难或不幸的经历，它们却鼓舞着你取

得了成功和幸福；倘若没有这些东西，你可能反而不会取得这种成功和幸福。

在逆境中，经过种种苦难的考验，在徘徊中看到的希望，能够激励我们取得成功。大科学家爱因斯坦在逆境中也要追求希望，因为牛顿的定律不能解答他的一切问题，所以他不断地探究自然，终于提出了相对论。根据这种理论，人们找到了击破原子的方法，懂得了质量与能量相互转换的关系，并成功地征服了空间，解决了许多令人费神的问题。如果爱因斯坦没有这种坚信每朵乌云背后都必有阳光的信念，这些成就是不可能取得的。

虽然我们的奋斗结果不一定能改变客观世界，但它却能改变我们的内心世界，使我们能沿着自己的心灵之路前进。

多少年来，人们一直以为在4分钟内跑完1英里是件不可能的事。但在1954年，罗杰·班纳斯特就敢于说“不”，他看到了逆境中的希望，打破了这个障碍。他能创造这项佳绩，除了得益于体能上的苦练，还归功于精神上的突破。在此之前，他曾在脑海中多次模仿4分钟跑完1英里，长久下来便形成了极为强烈的信念，因而对神经系统有如下了一道绝对命令，必须完成这项任务。他果然做到了大家都认为不可能的事。更让人惊奇的是，在班纳斯特打破纪录后的两年里，竟然有近四百人进榜。可见，一旦见到阳光的照耀，乌云便会被迅速地驱散。

坚持成功的信念，每个人都能够发挥巨大的潜能。当然，信念也可能是破坏力，那就要看人们从哪个角度去认识。人类对于生活中的遭遇会很主观地赋予某种意义，积极的信念可使人越过障碍继续往前迈进，而消极的信念很可能就此毁掉整个人生。

坚决不向逆境低头

人的一生是不断地在挫折中奋起，逐步战胜挫折，萌生希望，实现理想，走向幸福的历程。

你也许幼年丧父，你也许父母双亡，你也许家境一贫如洗，你有可能失去恋人，你有可能面对亲人的背叛，你可能经历丧失子女的痛苦，你可能是个人才，却遭到压制……生活中的不幸千差万别，但面对不幸却有两种态度：一是挫折，甚至绝望；二是越挫越勇，希望永存。

人在挫折时是很容易丧失奋斗精神的，常见的事情便是觉得人生无聊，萎靡不振。然后便是自我逃避，自暴自弃。有的人借酒浇愁，却愁上加愁。有的人行为趋向孤僻，自暴自弃。挫折并不可怕，你坚强，挫折就离你而去；你软弱，挫折就像绳子一样捆住你的双脚。你不妨学会逆向思维的本领。你是一个从小丧父的孩子，你整天又自卑又痛苦，就会影响你前进的力量。如果你想想你有一个非常疼爱你的母亲，你不比那些孤儿好吗？如果你家境一贫如洗，你就想“寒门出贵子”，穷则思变，穷能锻炼人的意志。如果你失去恋人，你就想这是自己一份真实的情感，保存在记忆之中，偶尔回忆一下也无妨，但不必投入太多的资本，“天涯处处皆芳草”。你是个人才，你如果此处难以施展，你就往别处去。如果别处也难走，不妨学学蜗牛，待时而出。总之，不能让挫折在心中久驻，不能让某一点、某一时、某一方面的感伤占据了你的整个灵魂。

同时，还可以采用幽默的办法，超越挫折。

美国有名的政治家史蒂芬孙，虽然他两次竞选美国总统皆失败，但在美国人心目中史蒂芬孙却是一个英雄。在败给艾森豪威尔的那天清晨，记者拥在他的门前，采访他，他非但没有愁容满面，而且还微笑地说：“进来吧，来给烤面包验验尸。”败得洒脱，表现出超越愁苦、挫折的自信心。一个断了一条腿的士兵回到故乡，围来了一群孩子，一些孩子嘲笑他战争中少了一条腿，做衣服可以省布料，这个士兵不但不悲伤，反而笑哈哈地说：“是啊，我很高兴，但我还是羡慕我另一位朋友，他一条腿也没有，比我还省布。”如果你是一个孤儿，你就多想许多孤儿不是同样成为栋梁之才了吗？

遇到挫折时，你可以想想比自己更为不幸的人，这样，自己的一点苦难又算得了什么呢？比如，海伦·凯勒、张海迪等人，你的一点点不幸是微不

足道的，也许你的挫折情绪会很快抛掉的。挫折并不可怕，关键在于如何面对挫折。

很多人老是抱怨自己活在别人的阴影底下，什么事都由别人控制着，自己就像是傀儡一样任人摆布。殊不知要怎么活、该怎么过都是自己选择而来的，哪能怪得了他人。

的确如此，人总是有很强的控制感，除了想完全控制自己之外，也想控制别人。无形之中，别人的一举一动会侵犯了你的权利领域，但是，当碰到这种外来的侵犯时，这个人本身的控制感难道不曾抵抗过吗？

因此，假如你也有过丧失了控制感的心理，你该自省一下，自己是不是了解自个儿选择的权力何在？有没有充分地运用它？

想要对自己好一点，就该善用自己的控制权，才能减少压迫感。

没有人能完全左右一个人的命运，但至少该充分掌握选择的权力，若抉择之后，又全力以赴，成败就不必计较了。

由于苦难、逆境，甚至是生理缺陷，产生和造就出了一些伟大的人物，因此在很多人的心目中便形成了一种对苦难和逆境的崇拜，但这种崇拜往往是盲目和消极的。实际并非如此，不论逆境还是顺境，要有一种积极健康的人生态度，即使步入顺境也要努力为自己设置新的高尚目标，在追求这一目标中迎接新的困难和挑战，从而发展和完善自己的人格，而不可以倒退或停留，在困苦中应该保持心志。逆境并非是造就一种积极人格的充分条件，无数处在困苦和逆境中的人没有任何改变现状的动力。仅就客观环境而言，人们至少可以为这种缺乏刺激的逆境找到两个原因：一是这一环境是封闭的，没有对比的苦难不会给当事者更多的刺激；二是这一环境是窒息的，处在其中的人看不到任何改变和跳跃出这一环境的机会。于是他们就认命了。逆境中的压力可以成就一些人，但也可能摧毁一些人。事情往往是这样的情况居多，逆境中产生的过度自卑会瓦解一个人的活力。

世界著名音乐大师施特劳斯带着他的交响乐团到美国波士顿演出。首场演出结束后，痴迷的听众高呼着施特劳斯的名字，不肯让乐队退场。施特劳斯决定不让他的观众扫兴，便同乐队队员们继续演出。等到听众们尽兴

而归时，早已是夜深人静。“如果再这样下去，乐团将被掌声搞垮。”面对热情的听众，施特劳斯又高兴又忧虑，如何才能用一个万全之策，让乐队顺利退场，又不使听众扫兴呢？一个妙计在他的脑海中产生了。第二天，当演出临近结束时，施特劳斯指挥乐团演奏了一首新谱的曲子。只见他在一小节与另一小节过渡的时候，便暗示一名乐手起身退场。专心致志的听众以为是演奏内容的需要，没有在意。演奏仍在继续，乐手一个接一个地退下场去，等最后一名乐手起身退场时，施特劳斯转身向观众深鞠一躬，也走下舞台，大幕随之徐徐落下。这时，观众们才醒悟过来，掌声四起。可是大幕已经落下了，观众只好作罢。

施特劳斯采用逐步解脱的办法，解决了乐队退场的难题，不也有各个击破的韵味吗？只有不向逆境低头，我们才有勇气和信心战胜暂时的困难。

经受逆境是一种幸运

在父亲的带领下一个小男孩去参观凡·高故居。在看过那张旧式的小木床及裂了口的皮鞋之后，小男孩问父亲：“凡·高是不是一位百万富翁？”父亲答：“凡·高是位连妻子都没娶上的穷人。”

一年之后，这位父亲又带小男孩去丹麦参观安徒生的故居，小男孩又困惑地问：“爸爸，安徒生不是生活在皇宫里吗？”父亲答：“安徒生是位鞋匠的儿子，他就生活在这栋阁楼里。”

这位父亲是一个水手，他每年往来于大西洋各个港口。这个小男孩就是美国历史上第一位获普利策奖的黑人记者伊尔·布拉格。

二十年过去了，布拉格在回忆童年时说：“那时我们家真的很穷，父母都靠出卖苦力为生。有很长一段时间，我一直认为像我们这样地位卑微的黑人是不可能有什么出息的。好在父亲让我认识了凡·高和安徒生，这两个人告诉我，上帝没有这个意思。”促使布拉格成功的无疑是那两位贫贱的名人。

造化有时会把它的宠儿放在下等人中间，让他们操着卑微的职业，使他们远离金钱、权力和荣誉，可是在某个有意义有价值的领域中却让他们脱颖而出。

有人说："在最黑的土地上生长着最娇艳的花朵，那些最伟岸挺拔的树林总是在最陡峭的岩石中扎根，昂首向天。"人们所经历的每一次不幸并非都是灾难，早年的逆境通常对于人生来说是一种幸运。与困难作斗争不仅磨破了我们稚嫩的双手，也为日后更为激烈的竞争准备了丰富的经验。

在现实生活中，我们经常看到这样的人，他们常因自己生活中扮演角色的卑微而否定自己的智慧，因自己地位的低下而放弃儿时的梦想，有时甚至因被人歧视而消沉，因不被人赏识而苦恼。**其实造物主常把高贵的灵魂赋予卑贱的肉体，就像人们在日常生活中，总是把贵重的东西藏在家中最不起眼的地方一样。**

"饥饿没有什么可怕的，爸爸，"一个耳聋的男孩苦苦地央求父亲把他从救济院接回去，圆自己上学的梦想。"我们会生活在一个物资充足的社会中，并且，我知道怎样来阻止饥饿。至少穷人都是长期靠一点点糖果来维持生存，感到饿得难受时，他们就用一根带子把自己的肚子勒紧，不是吗？为什么我不可以这样？"

这个可怜的耳聋男孩就是基托，然而，正是这个曾经饱受饥饿折磨的孩子，最后却成了名扬世界的圣经学者。

人不是铁打的，总会有伤心难过的时候，那怎么办？大哭一场吧！将难过和悲伤都哭光，接下来又可以挺起身去和生活抗争。

有一个漂亮的女孩在青春年少时，得了肝病。祸不单行的她，住院不久后，男友也离她远去。

她痛不欲生，但最终还是决定要好好地坚强地活下去。在身体康复的过程中，她又认识了现在深爱她的老公。

曾有的疾病，令她更懂得珍惜现在拥有的幸福婚姻。后来，她对朋友说："如果没有生那一次病，我也许早和以前的男友结婚，而现在可能又离婚了。"

不畏挫折，直指成功

无论穷人或者富人都会遇到挫折，失意时会遇到挫折，高兴时也会遇到挫折。挫折如影随形，伴随我们左右，防不胜防，人的成长总要遇到各式各样的挫折，生存的挫折、情感的挫折、创业的挫折、意外事故的挫折……面对各种各样的挫折应如何应对呢？是逃避，还是面对？如果你处处逃避，最终，你将无路可逃。如果你经历了挫折，并且战胜了挫折，那么你得到的不仅是战胜挫折本身，而且还学到了战胜挫折的本领，如此发展，挫折也会远你而去。

成功者同失败者唯一的区别，就是不畏挫折。了解了这一点，你就不应该自卑和逃避。成功者也曾经历过失败、沮丧、自卑。

乔伊斯想在大西洋的海底铺设一条连接欧洲和美国的电缆。

乔伊斯首先做了一些前期基础性的工作，包括建造一条一千英里长，从纽约到纽芬兰圣约翰的电报线路。纽芬兰400英里长的电报线路要从人迹罕至的森林穿过，所以要完成这项工作不仅包括建一条电报线路，还包括建同样长的一条公路。此外，还包括穿越布雷顿全岛共440英里长的线路，再加上铺设跨越圣劳伦斯海峡的电缆，整个工程十分浩大。乔伊斯使尽全身解数，总算从英国得到了资助。随后，乔伊斯的铺设工作就开始了。电缆一头搁在停泊于塞巴斯托波尔港的英国旗舰“阿伽门农”号上，另一头放在美国海军新造的豪华护卫舰“尼亚加拉”号上。不过，就在电缆铺设到5英里的时候，它突然卷到了机器里面，被搞断了。

乔伊斯不甘心，进行了第二次试验。试验中，在铺好200英里长的时候，电流中断了，船上的人们在甲板上焦急地踱来踱去，好像死神就要降临一样。就在乔伊斯即将命令割断、放弃这次试验时，电流又神奇地出现，一如它神奇地消失一样。夜间，船以每小时4英里的速度缓缓航行，电缆的铺设也以每小时4英里的速度进行。这时，轮船突然发生了一次严重倾斜，制动

闸紧急制动,不巧又割断了电缆。

但乔伊斯并不是一个在挫折面前低头的人。他又购买了700英里的电缆,而且还聘请了一个专家,请他设计一台更好的机器。后来,在英美两国机械师的联手下才把机器赶制出来。最终,两艘军舰在大西洋上会合了,电缆也接上了头;随后,两艘船继续航行,一艘驶向爱尔兰,另一艘驶向纽芬兰,在此期间,又发生了许多次电缆割断和电流中断的情况,两艘船最后不得不返回爱尔兰海岸。

在不断的挫折面前,参与此事的很多人一个个都泄了气,公众舆论也对此流露出怀疑的态度,投资者也对这一项目没有了信心,不愿再投资。这时候,又是乔伊斯,又是他百折不挠的精神,和他天才的说服力,使这一项目得以继续。乔伊斯为此日夜操劳,甚至到了废寝忘食的地步。他绝不甘心失败。

于是,尝试又开始了,这次一切顺利,全部电缆成功地铺设完毕,而且没有任何中断,几条消息也通过这条漫长的海底电缆发送了出去,一切似乎就要大功告成了,但就在举杯庆贺时,电流突然又中断了。这时候,除了乔伊斯和一两个朋友外,几乎没有人不感到绝望。但乔伊斯始终抱有信心,正是由于这种毫不动摇的信心,使他们最终又找到了投资人,开始了新的一次尝试。这次终于取得了成功,正是乔伊斯,这种不畏挫折的精神,不断地战胜挫折,并最终创造了一项辉煌的历史。

日常生活中,人们常会看到这样一些人,面对似乎不可能战胜的挫折,都能努力设法不停地前进。这些人在前进的过程中,技术日渐提高,力量不断壮大,能力不断上升,最终取得突破。而另一些却在诸如雪崩似的一系列变化面前倒了下去。挫折不会产生不可逾越的障碍,每一个困难都是一次挑战。每次挑战都是一次机遇,战胜困难就等于抓住了机遇。

充满信心就能战胜厄运

在爱尔兰,有一段路的尽头是一片悬崖,所以人们称之为“黑暗里程”。

在生活中，每个人迟早也要走过一段阴暗而危机四伏的路程。

人生的机遇也是如此。日子也许像朝阳一样可爱，像绵羊一样可亲。但往往在不留意时，突然遭遇打击，被人误解污辱、压榨欺凌。更可怕的是，有时厄运如同车轮，无情地从身上压过，让人措手不及。

当遇到人生旅途艰难、日夜不安的时候，我们该怎么办呢？光行为正直善良还不够。当我们饱经忧恶，四肢乏力，不能支持下去的时候，当我们历尽艰险，无法逃遁的时候，当我们的爱恋被剥夺时，或者当我们智穷计尽、信心消失的时候，我们该怎么办呢？

在如此山穷水尽的境遇中，我们只能挺直了腰对自己说："不要放弃，继续奋斗下去！"

美国政治家约翰·库斯晚年时，挚爱的儿子不幸逝世。他的身体本来就很孱弱，而当时美国似乎已丧失一脉相承的传统精神，人们的文化传统仿佛就要瓦解。然而他却大声疾呼："不要绝望，即使你觉得绝望，仍要在绝望中工作下去！"

约翰的确做到了不放弃，不颓丧，不屈服，仍在绝望中继续工作。而另一位处于困境中的人则说："坚持下去，我们的确会得到帮助。"就这样，在不知不觉间自然地产生出力量。

虽然约翰仍怀着丧子之痛，可是乌云终会见天日，时势也会发生转变。

时间的确可以医疗许多人心头的创伤，也会改变许多事情，因而能使人们心头沉重的负担得以减轻。

有些人似乎天生就不幸，比别人多了一些障碍。美国一位著名的医师杰克，生下来就四肢瘫痪，不能自由地操纵手足的活动，也不能说话，可是毅力使他终于克服了机能上的残障。经过不断地挣扎和奋斗，他终于获得了美国耶鲁大学的医学博士学位，现在是一名非常有名的瘫痪专家，正在帮助与他一样不幸的瘫痪症患者。他写过一本自传，书名为《生就这副怪相》。这是何等的英勇，何等的坚韧！

同样，一位与杰克医师一样得了瘫痪症的患者，在生活中没有流露出自卑自怜的情绪，也没有掉眼泪。他与杰克医师一样坚强，在不断地与病魔抗

争的过程中，他写书，写小说，尽管身体残障，心中却有一颗明亮的星星在闪闪发光！

这两位身残志坚的人，都足以使那些胆怯、总是抱怨时运不济的人深感惭愧，他们让人们知道无论遭遇任何挫折，一定都要不屈不挠。每个人生下来都会有些瑕疵，总有点挫折困难需要自己去克服。不论是普通人，或者是伟人，都要自己设计自己的生活，这样，理想也许会在未来的某个时候实现。

第六章 情商的境界是自我完善

情商的最高境界，就是要做最好的自己。换而言之，提高个人的情商就是按照自己设定的目标，充实地学习、工作和生活，就是始终沿着自己选择的道路，做一个快乐的、永远追逐兴趣，并能发掘出自身潜能的人。

要有容纳他人的雅量

"宽容"是用来形容一位好上司、好同事心胸坦荡的名词,虽然许多人都认识到这一点,但做起来却很难。人们往往为了一些小事儿争论不休;为了小小的恩怨而耿耿于怀,相互拆台,寻机报复,最终结果只能是两败俱伤或者身败名裂。

一只小猪、一只绵羊和一头乳牛,被关在同一个畜栏里。有一次,牧人捉住小猪,它大声号叫,猛烈地抗拒。绵羊和乳牛讨厌它的号叫,便说:他常常捉我们,我们并不大呼小叫。小猪听了回答道:捉你们和捉我完全是两回事,他捉你们,只是要你们的毛和乳汁;但是捉住我,却是要我的命呢!

立场不同、所处环境不同的人,很难了解对方的感受。因此对别人的失意、挫折、伤痛,不宜幸灾乐祸,而要有关怀、了解的心态——要有宽容的心!

思想家歌德说:"人不能孤立地生活,他需要社会。"良好的人际关系不仅能给人生带来快乐,而且能助人走向成功。而宽容的品质则是建立良好人际关系的基石,在相互宽容谅解中求得共同的发展和进步是一种良好的愿望。一个人只有具备了宽容的品质,才会懂得理解和尊重他人,才会有爱人之心,有容人之量,成为识大体、顾大局的人。

1. **赏识别人的优点,包容他人的不足。**古人说得好:"尺有所短,寸有所长。""金无足赤,人无完人。"每个人都有优点和不足,世上有能人,但绝对没有完人。人的独立的个性差异决定了人与人之间的矛盾不可避免。要解决这些矛盾,就必须具备宽容。宽容的前提是什么?是赏识!只有会赏识的人才有宽容的品质,也只有具有赏识之心的人才称得上是宽容的人。我们知道,人性中最本质的的需求之一就是渴望得到赏识。人从内心都是愿意和赏识自己的人一起工作、生活,而不愿意和整天挑鼻子挑眼,对这不满意那不顺眼的人在一起。人或多或少都有这样或那样的不足,因此要做到宽容,就要学会用"电脑窗口"的功能,看他人的优点时最好使用"最大化",看

缺点和无关要紧的事时最好使用“最小化”。

2. **正视自己，善待“弱者”**。认识自己、正视自己不容易，要善待“弱者”更不容易。我们都是普通人，不可能是完人，不可能没有错误。当我们发现自己错误的时候，不要过分地忧心忡忡，而要及时诚恳地主动道歉，让对方感觉你的诚心。当别人有了过错的时候，我们要善待对方，不要得理不让人，什么都要讨个公道，什么都要争个高低强弱。要从别人的角度考虑问题，不要把自己的思维方式强加于人。当然，宽容有度，宽容不是纵容，我们对一些事也要讲理，但即使要讲理，也要晓之以理，注意别人的自尊和承受度，要让人体会到你对他的尊重，特别不能搞“株连”“算总账”，否则你会导致自己的心里错位，也会使矛盾扩大化。善待别人，其实就是善待自己，我们又何乐而不为呢？

3. **提高素养，开阔视野**。人与人之间如果封闭、孤独而且又不善交往，就会让人心胸狭窄，宽容也就无从谈起了。因此，要尽可能地创造条件，广交朋友，多见世面，不要把自己囿于固有的小天地里。同时还要不断地加强学习，提高自己的素养，激发生活的热情，让生活充满阳光，让心灵充满阳光。

为了自己，为了他人，我们应该学会“宽容”。学会了宽容，原谅了别人，也帮了自己。

对新员工多一份宽容

应届大学毕业生刚进入职场，有的因为工作压力太大，怕漏接客户或老板的电话，即使在下班后，只要听到电话铃声还是很紧张；还有的不但在一个月内换了好几个工作，而且开始对自己的能力产生严重怀疑，完全失去自信，甚至出现自残的现象，他们开始产生“上班恐惧症”。

前景发展良好的公司每年都会招新员工，他们既带来新鲜的空气，也使企业在吐故纳新的变更中充满了活力。但在实际工作中却会听到从不同渠

道传递出来的两种声音:部门管理人员抱怨新员工不服从管理,或工作掉以轻心,拈轻怕重,或稍不顺心就摔门辞职等;而一些新员工也有抱怨:对新环境不适应,或管理人员要求过严,带班不耐烦,或遇到问题无人倾诉解决等。这就给我们的管理者提出了这样的问题:作为“职场过来人”,如何去引导新员工尽快地适应角色的转换以达到岗位的要求。

从学校踏入职场,谁都有同样的困惑。在做完自我介绍后,新工作岗位无人引导,无人带班培训,对业务一窍不通,自己该做什么?该怎么做?几乎是一点也摸不着头脑。面对这种情况,企业管理人和职场新人该怎么办?

作为企业管理人员,无论是单纯的从理解的角度,还是出于管理需要,都应以一种成熟的心态去面对他们。在新员工入职后,应尽快地帮助他们熟悉新环境,解决其生活中存在的难题,并按计划、有步骤地组织新员工进行入职培训,积极开展一些业余娱乐活动,帮助他们结识新同事,在培训中教育他们认同企业文化,了解企业发展的历史,灌输企业的管理理念和方法。在这个过程中,我们不妨宽容一些,给予这些职场新人更多的关心和鼓励,更多的了解与理解,更多的业务指导,并要给他们犯错误改进的机会,引导他们尽快地进入角色,用务实低调的心态融入企业,鼓励他们勇于去挑战新鲜事物,尽量少一些责备与抱怨,使他们“安全”地渡过试用期,并在以后的职业生涯路上走得更顺畅。这对于员工本人和企业的成长都会有利。

作为职场新人,新环境新岗位有许多新的东西需要学习,在新入职期间,要带着谦虚谨慎、好学向上的心态尽快地熟悉本职岗位的业务知识。如果有多余的精力,可以尝试着去了解一些与本职工作相关的其他业务知识。要全面了解企业的各项规章制度,尤其是与切身利益相关的福利待遇、办事程序等规定要做到心中有数。千万不要把生活中的小毛病带到工作中来,如迟到、早退、不守时,自以为是,工作拈轻怕重,不尊重上级,大错不犯、小错不断,心态浮躁不踏实,对上级工作安排不落实,效率低下等,这些都是职场大忌。既不利于工作的开展,形成习惯后也会影响新员工将来的职业发展。

在相对宽松和谐的企业氛围中,新员工压力就会减少,这样就能顺顺利

利地迈过人生的第一道坎，承载着企业无限的期望，带着自己的职业理想，踏踏实实地走下去。

宽容对待职场“强人”

1. **工作忘我，不知享受**。高薪不是白拿的。丰厚物质收入的背后是白领们近乎透支的疯狂付出。由于高薪白领大都很优秀，养成了勤奋的好习惯，加之从小在老师家长的夸赞声中成长，所以工作后自然也希望得到上司的认可。在工作上他们似乎很“乖”，愿意忍受公司冷酷无情的“剥削”——在没有额外报酬的情况下心甘情愿地接受翻倍的工作量，一再延长工作时间，上司的种种挑剔使得高付出获得高回报，他们在职场上的确一帆风顺。

然而，他们却似乎无意享受“回报”。与常人心目中衣着光鲜、举止高雅的白领形象不同，他们对自己的外表毫不在意。在穿着上，他们一切从简，不讲究生活品味，甚至有些不修边幅。不讲求生活品质虽然有损个人形象，但也还称得上洒脱。而一部分白领的问题在于：一旦不工作，他们就丧失了生活的方向，坐立不安、无所事事、郁闷烦躁，简直了无生趣。常人说：工作是为了生活，而职场强人的格言却是：生活为了工作！

2. **自私**。一些员工的眼里似乎只有自己。其实，他们并不是勾心斗角，盘算个人利益，只是他们过于看重自我的感觉，因而忽略了别人的感受。在工作上，他们认为自己的任务是最重要的，全力以赴地去完成，如果同事请他帮忙做一些事，会遭到断然拒绝。在日常生活中，不要指望他为了搞好关系而凑份子给某位同事过生日，他总是很“独”，宁可独自在咖啡馆里看看书，也不愿和大家聚在一起做一些“没有意义”的事。他们毫无顾忌地表达自己的看法，满足自己的需要，似乎从来不懂得委屈自己照顾别人的需求——当然，他们一般也不要求别人为自己牺牲。在他们看来，每个人都应该自己照顾自己，除了自己以外，别人没有义务为他负责。他们信奉尼采的“强人哲学”，一方面不断要求自己进步，一方面对于软弱、愚笨、无能的弱者

只有鄙视，却无同情。

3. **孤独加脆弱**。一些白领经常感到孤独。虽然他们内心丰富，也很享受独处的时光，但作为社会性动物，也渴望与人交流。但是如同他们往往缺乏生活技能一样，其通常也缺乏社交技能，既不知道如何接近别人，也对别人的友好感到不安。而且他们表面上虽然充满自信，但由于自我要求太高，反而经常挑剔自己，并感到自卑。经常为自己设立过高的目标而背负巨大的压力。加之生活单调，除了工作以外没有其他的消遣方式，也没有亲密的朋友圈，所以这一群人也是身心疾病的高发人群："过劳死""慢性疲劳综合征""失眠""焦虑抑郁"等是经常陪伴在他们身边的"朋友"。

在我们心目中，"职场变态"是需要被批评和挽救的，"如何给'变态人群'减压，让他们更热爱生活，搞好人际关系"成为热门话题。但是，职场专家却强烈反对这种说法，认为这些所谓的"变态"，实际上是"职业先驱"，更需要大家的理解和尊重。心理咨询师表示，这群职场精英之所以都被冠上了"变态"的名号，是由大环境对于他们既需求又不宽容的矛盾所导致的。

大多数人会将符合"主流"观念的人归为同类，其他的则归为"异类"，甚至冠以"怪物""变态"等称呼。因为这些"工作狂"的行为方式令许多人无法接受，心里不舒服，就被加以"变态"二字。

在很多人眼中，"职场变态"是一种难以接受的生活方式。心理咨询师表示，这种生活对于人的"个体"而言，确实谈不上幸福，甚至会连带家庭和朋友牺牲很多"主流"观念中精彩的物质享受，甚至天伦之乐。也许正因为如此，才会招致更多的不理解和不满，但是他们毕竟在企业中得到了真正的赏识和尊重，辛苦付出最终换得了丰厚的物质回报，并使家人受益良多。

心理咨询师指出，这群职业先驱其实也很希望得到伙伴的宽容与理解，而不只是老板的赏识。在同一工作环境下对职场强人，我们要学会善意和宽容，以此来减少他们的压力。

宽容是爱的延伸

海是宽广的，做人应该有海一样的胸怀，可以纳百川之水。身在职场，我们都应宽厚平和、虚怀若谷，用宽以待人的品行来对待职场中的是是非非。

要想成就事业，首先要有宽以待人的处世习惯。一个以敌视的眼光看人、对周围的人戒备森严、心胸窄小、处处提防、不能宽大为怀的人，必然会因孤独而陷于忧郁和痛苦之中。一个宽宏大量、与人为善、宽容待人、能主动为他人着想，肯关心和帮助别人的人，肯定会讨人喜欢，被人接纳，受人尊重。

宽以待人，就是要我们在职场交际中拥有较强的相容度。相容就是宽厚、容忍、心胸宽广、忍耐性强。人们往往把宽广的胸怀比作大海，能广纳百川之细流，也不拒暴雨和冰雹；也有人把忍耐性比作弹簧，具有能屈能伸的韧性。有人说："谁若想在困厄时得到援助，就应在平时待人以宽。"就是说，相容能接纳、团结更多的人，在顺利的时候共奋斗，在困难的时候共患难，进而增加成功的力量，创造更多的成功机会。反之，相容度低则会使人疏远，减少合作力量，人为地增加成功的阻力。

一个人要待人以宽，在生活中养成将心比心、推己及人的为人处事的习惯，这样才会受人尊敬和欢迎。"己欲立而立人，己欲达而达人；己所不欲，勿施于人。"一件事情，你自己不能接受，不愿意做，别人也一定不愿接受，不愿意做。这些教诲可以避免提出人们难以接受的要求，避免由此而带来的难堪局面。推己及人，是以自己为标尺，衡量言行举止能否为人所接受，其依据是人同此心，心同此理。

唐代文学家韩愈说："古之君子，其责己也重以周，其待人也轻以约。"古代有修养的人，待人很宽厚，而要求自己则十分严格和全面。只有严于律己，才能更有感召力和吸引力。在工作中兢兢业业，一丝不苟，精益求精；在

日常生活中，以礼待人，遵守信约，多为他人着想，遇到危险时勇敢无畏，挺身而出，发生摩擦冲突时主动退让。

宽容待人是成功者的风度，这种风度不是装出来的，而是发自灵魂深处的一种内在修养，是一种良好的习惯，是水到渠成的表露。只有真正地放开胸襟，做到宽容待人，你才能摘得成功之冠上的宝石。

宽容并不等于懦弱，它是在用爱心净化世界，绝不是含着眼泪退避三舍。宽容不是天平一端的砝码，不停地忙碌，维持着不断被打破的平衡，而是人世间永恒的爱与被爱。投之以木桃，报之以琼瑶。把宽容插在水瓶中，它便绽出新绿；播种在泥土中，它便长出春芽。

因为有爱所以美好

一切美好的东西都源于爱。爱是光明的使者，是幸福的引路人。一个人给予别人的幸福和快乐越多，他自己得到的幸福和快乐也就越多，反之就越少。如果他待同事友善，同事必定会以友善回报。一个仁慈的人总是会带来越来越多的幸福和欢乐。善言必然导致善行，不仅听到你说这句话的人会做好事，而且那些受雇于你的人们也会择善而从，积德行善。这并非偶然现象，而是一种普遍的行为，因为人与人之间这种友谊伙伴关系总在起作用。当然，仁慈、善良的行为有时并不能使对方从中受到教育和启发，但只要方式、方法适当，你的仁慈善良之举一定会使对方深受感动。友好的行为也许会换来不好的回报，一腔热血可能会换来一盆冷水，但别人的冷水无法使热心退减，乐善好施并不在于求一时一地的回报。人们心向善当以至诚，你该尽力把友好和文明的种子撒播职场，这些种子总会找到适合自己生长的沃土，并在他人的心中生根、发芽、结果。看到幸福之花在人们的胸中开放，看到仁爱之心像星星一样遍布职场中，你才知道人们对你的回报何其丰厚，才更加明白友爱的力量是多么伟大。

英国大诗人丘偌斯过去常常谈起一个小女孩的故事。凡是认识这位小

女孩的人都很喜欢她，有人问她："为什么大家都这样喜爱你？"

"我想是因为我爱每一个人的缘故。"

小女孩的回答很有启发意义。一般而言，人们到底拥有多少幸福和快乐，这要取决于我们究竟付出了多少爱，又有多少东西在爱我们。当然，不论我们取得了多么巨大的物质成就，如果这些成就不能有助于人类的仁慈、善良与和平，那么，这些成就最终也不会给人类带来幸福。

爱是一种巨大的力量，每一个爱的举动，都是运用人们身上的力量，都会积累一份友谊。

体现在仁爱之中的温暖同愚昧和怯懦是完全不同的。谦恭并不等于胆怯，心平气和绝不是怯懦的代名词。真正的善良和仁爱并不表示消极、被动。一个善良、仁爱的人必定是一个极富同情心的人，那种心冷如铁、麻木不仁的人绝不可能与人为善、友爱他人。

那些心地善良、仁爱的人都是积极工作、吃苦耐劳的人，那些只知道爱自己的自私自利的人，都是一些要被社会抛弃的人。自私自利对于年轻人来说尤为可耻。自私自利者往往就是那些一门心思只想到自己，却从来不为他人着想的人。他们只关心自己，而无视他人的利益。个人的小我吞噬了大我，一切以自我为中心，这种私欲恶性膨胀的人，永远无法满足自己的欲望。所谓"人心不足蛇吞象"讲的就是那种极端自私自利的人，这种人最终必然被自己恶性膨胀的贪婪所吞噬。

让你的职场人生充满友爱吧，它是消除压力的良药，它是快乐职场的益友。

爱为你带来成功与财富

有这样一个故事：

有位妇人走到屋外，看见院中坐着三位长满白胡须的老人。

她并不认识他们。于是说："我想我并不认识你们，不过你们应该饿了，

请进屋里来吃些东西吧。”

“家里的男主人在吗?”老人问。

“不在,”妇人说,“他出去工作了。”

“那我们不能进去。”老人回答说。

傍晚当丈夫回家后,妇人走出去邀请三位老人进屋内。其中一位老人说我叫财富,然后又指着另外一位说:“他是成功,而这一位是爱。”接着又补充说:“你现在进去跟你丈夫讨论看看,要我们其中的哪一位到你们的家里。”

妇人进屋告诉丈夫刚刚谈话的内容。丈夫高兴地说:“原来是这么回事啊！让我们邀请财富进来!”

妇人并不同意,说道:“亲爱的,我们何不邀请爱进来呢?”

丈夫说:“那就照你的意见办吧！快去请爱来做客。”

妇人到屋外去请爱,爱起身朝屋子走去,而另外两人也跟着他一起进来。妇人惊讶地问财富和成功:“我只邀请爱,怎么连你们也一道来了呢?”

三位老者齐声回答:“如果你邀请的是财富或成功,其他两个人都不会跟随,而你邀请爱的话,那么无论爱走到哪儿,我们都会跟随。哪里有爱,哪里就有财富和成功。”

职场生涯中,人人都想成功,都想拥有财富,却往往因为没有爱心,让成功和财富擦肩而过。有的人成功了,也有钱了,却觉得空虚无助,甚至压力更大。究其原因,是他们只想索取不懂付出。奉献你的爱心吧,当你真心付出后,成功和财富不经意间已来到你面前,压力、空虚和无助都将远离你。

试着去爱不喜欢的人

工作中与你的好伙伴、好同事好搭档在一起,不仅心情愉快,工作效率也很高。但公司里也可能有让你讨厌的同事。和你讨厌的同事低头不见抬头见,不说话吧不好,说话吧又没话题,时间久了,你就觉得莫名的压力横在

你们中间。

该怎样面对他们呢？

有时候你不喜欢你的同事，往往源于表面印象。因为不喜欢，可能会与这些人发生不必要的摩擦。针对这种情况，有必要对你的同事增加了解，通过了解你就会发现他们身上也有很多优点。随着时间的推移，你就会喜欢上他们的。

讨厌的对象不仅仅是你周围的同事，有时也可能是你的上司，可能因为他的能力低下，你对它产生种种的不满意。可能是他没有那么平易近人、和蔼可亲，对你说话大声大气，对你的工作挑三拣四，却从不加以指点。针对这种情况就要和你的老板加强沟通了。如果老板确实有能力，而在某些方面有些欠缺，我们就要和他多交流，有了交流才能解开心中的症结，也能为今后的工作带来便利。如果老板听得进去并乐于改正，那就是你的功劳，何乐而不为呢？

此外，你看不惯你的同事，讨厌他，也许人家也一样讨厌你呢。所以我们有时也要从自己身上找原因，试着去改变自己。同处一个办公环境，大家要互敬互爱，这样才能创造和谐的办公环境，消除不必要的压力 。

微笑是世界最美的语言

笑容是最具感染力的表情。经常面带微笑的人，在职场中能散发出无法抵挡的魔力。微笑是每一个人有魅力的源泉。请人帮忙时带着微笑，别人几乎无法拒绝你的请求；感谢别人时带着微笑，别人会心情愉快地接受你的感激之情；心情郁闷时，微笑会解除你的烦恼；开心快乐时，微笑会令你更加愉快。

如果每天都是春风满面、笑容可掬，那么别人对你的感觉和印象一定会特别深刻。无论应聘面试、洽谈业务，还是赶赴约会、出席酒宴，微笑能使你魅力大增，收到意想不到的效果。只要你轻轻地露齿一笑，就胜过万语千

言，微笑是“消除一切障碍的良方”。

美国一家大型商场的人事部主管曾说，他宁愿雇用一个小学未毕业的女职员——她仅仅只有一副可爱的笑脸，而不雇用一位面孔冷冰冰的营销博士。成功商人卡特丹也自豪地宣称，他的微笑已经价值100万美元，他所具备的善于讨人喜欢的能力中，最重要的一点就是令人倾心的微笑。

当你第一次踏入职场，第一次与陌生的异性交往，或是第一次走进办公室，微笑可以帮助你摆脱窘境。因为没有人会为难一个面带善意微笑的人。

当你由于种种原因对于别人的请求不好拒绝时，板起面孔必然得罪人，这时候边摇头边微笑着婉转谢绝，对方则往往很容易接受这种拒绝。

要想发展良好的人际关系，你就一定要学会微笑。请记住，当你微笑时，你便成熟了。

有人问卡耐基为什么他的演讲让人感到魅力无穷，卡耐基朝那人微笑了一会儿，说：“因为我会恰当地使用我的微笑，而微笑又是人类情感共同的沟通，一笑便充满了意义。”

有位年轻美貌的法国女学生，有一天用挑逗的话问卡耐基：“亲爱的老师，在法国女子和美国女子中，你更喜欢哪一个？”

这种话突然冒出，的确有点使人难以回答。因为卡耐基如果回答喜欢法国女子多一些，会有点儿不近情理；若说喜欢美国女子多一些，又会伤了这位法国女学生的心，这样，对他的工作开展就会有不利的影响。

此刻卡耐基对这位女学生微微一笑，迎着她挑逗的目光说：“凡是喜欢我的女子，我都喜欢她！”

如此一句简单而又轻松的话，将这位法国女学生的浓情与挑逗融于微笑中，他的这一句话既合乎情理，又让对方心情愉快。这便是微笑的艺术魅力。

“笑招好运来”。想要让你的事业成功，灿烂的笑容是极具“杀伤力”的杀手锏。

王先生开了一间牙科诊所。有一次，他诊所的患者中有一位推销保险的女业务员，年纪约20多岁，是一个活泼又干练的美女。她向王先生诉苦

说："由于我的齿形外观不雅，所以无法有足够的自信咧嘴而笑，希望通过治疗能带给初次见面的准客户更好的印象。"在齿形治疗的一个月中，王先生指导她做"微笑训练操"，同时告诉她笑的威力。三个月后，她以明朗快活的语调打电话给王先生，说她的月营业额竟然迅速地增加了一倍。对自己的笑容有了自信，就能带给客户一个良好的印象，而自己也会因此变得更积极，更有活力。

笑一笑，让默契心里互照；笑一笑，让忧郁通通消掉。笑一笑吧，让职场中的你们默契起来，把不高兴的事都让笑容化解掉。

培养微笑的好习惯

微笑是一种富有感染力的表情，它证明你内心不带虚伪，而是一种自然的喜悦，这种自然喜悦马上会影响你周围的人，给他人留下一个良好的印象。如果我们希望别人喜欢我们，必须时刻牢记保持微笑，因为没有人愿意见到一个脸上布满阴云的人。

日本最伟大的推销员原一平身高才1.50米，毫无气质与优势可言。在最初做推销员的7个月里，他连一分钱的保险也没拉到，当然也就拿不到分文的薪水。为了省钱，他只好上班不坐电车，中午不吃饭，晚上睡在公园的长凳上。但他依旧精神抖擞，每天清晨5点起床从"家"徒步上班。一路上，他不断地笑着和擦肩而过的行人打招呼。

有一位富翁经常看到他这副快乐的样子，很受感染，便邀请他共进早餐。他委婉地拒绝了。当得知他是保险公司的推销员时，富翁便说："既然你不赏脸和我吃顿饭，我就投你的保险好啦！"他终于签下了生命中的第一张保单。更令他惊喜的是，那位富翁是一家大酒店的老板，帮他介绍了不少业务。从此，原一平的命运彻底改变了。由于原一平的笑总能感染顾客，所以他成了日本历史上最为出色的保险推销员。而他的笑，亦被评为"价值百万美元的笑"。原一平的笑容是如此的神奇，在给顾客带来欢乐与温暖的同

时，也给自己带来了巨大的财富和良好的名誉。

事实上，何止是原一平，在这个世界上，每一个发自内心的笑，往往都具有神奇的力量。

笑是一种含意深远的身体语言，可以鼓励对方的信心，可以融化人们之间的陌生和隔阂，可以使别人在见到你的第一分钟起，就自然而然地产生一种亲切、信任的感觉。

人生在世，很多时候我们不得不面对冷漠的面孔、阴郁的眼神，甚至恶意的中伤，但无论我们周围的世界怎样令人痛苦不堪，无论我们心灵的天空如何阴霾密布，我们都应当笑对人生。平凡的生活中，一抹微笑就是一道阳光，它不仅能够照亮自我阴暗的心空，还能温暖周围暗淡的心灵！

对人我们应该多一些真诚和善。伪装太累了，因为你的冷面、他的冷面、所有人的冷面，制约着大家心灵的沟通和交流。而你的笑脸、他的笑脸，所有人的笑脸，会消除我们内心的疲惫和紧张，使我们变得轻松而愉快。生活里，不管是和相识的、不相识的人在一起，不管是去找人办一件事情，还是想结识一位新伙伴，一次亲切地握手和热情的笑，都会像一缕阳光给人以温暖，使人感到轻松愉快；而冷漠的、古板的态度，只会让人感到难堪，产生被人拒之于门外的心理隔膜。笑不只是脸上有动作、有表情，笑是代表心里的快乐。一个人若时时以笑来面对别人的冷酷，在人生的战场上必然会获得许多的胜利。

笑是人类面孔上最动人的一种表情，是社会生活中美好而无声的语言，它来源于心地的善良、宽容和无私，表现的是一种坦荡和大度。

医学专家告诉人们："笑是你生命健康的维生素。"笑的时候人体各部分肌肉都处于活动状态，而停止笑时，这些肌肉又都处于松弛状态。肌肉紧张能引起疼痛，所以许多关节痛、风湿病及其他病痛患者从笑声中都可以获益。如果我们能经常保持微笑，脸上的笑容就会使人看上去更年轻、开朗、友善、亲近。

培养自己微笑的好习惯，你会令别人心情愉快，令自己充满自信和魅

力。在你送给别人微笑的同时，别人也会回报微笑给你。一个笑可能随时帮你建立一段终生的情谊，成为你事业的推动力。

绽放发自内心的笑

成功意味着赢得尊重，意味着胜利，意味着最大限度地实现自我价值。每个人都希望自己是一个成功者，谁也不愿意寄人篱下、受人摆布，谁也不愿意自甘平庸地度过一生。也许有人认为，成功是为某个人准备的。其实，只要自己努力奋斗，只要你不低下你的头，你同样也能够成功。因为每个人都可以出类拔萃，成就非凡的事业。

詹姆斯是美国一位享有盛名的职业棒球明星，30 岁时因体力不支而告别体坛另谋出路。他琢磨着，凭自己的知名度去保险公司应聘推销员不会有什么问题。可结果却出人意料，人事部经理拒绝道："吃保险这碗饭必须笑容可掬，但你做不到，不能聘用。"

面对冷遇，詹姆斯的热情未受丝毫影响，他下决心要像当年驰骋棒球场那样从头开始练笑脸。由于他天天要在客厅里放开声音笑上几百次，因此邻居产生了误解，以为失业对他刺激太大而精神失常了。为此，他把自己关进厕所里继续练习。

过了一个月，詹姆斯跑去见经理并当场展开笑脸。然而得到的却是冷冰冰的回答："不行，笑得不够。"

詹姆斯没有失望，他到处搜集有迷人笑脸的名人照片，然后贴在居室的墙壁上，随时进行揣摩效仿。另外，还购置了一面与自己的身体一样高的镜子摆在厕所里，以便训练时更好地检查纠正。

一段时间后，詹姆斯又来到经理办公室露出了笑容。"有进步，但吸引力不大。"经理说。詹姆斯生来就有一副倔脾气，回到家继续苦练起来。一次，他在路上遇见一个熟人，非常自然地笑着打招呼。对方惊叹道："詹姆斯先生，一段时日不见，你的变化真大，和以前判若两人了！"

听完熟人的评论，詹姆斯充满信心地再次拜见经理，笑得很开心。“您的笑有点意思了。”经理指出，“然而还不是真正发自内心的那一种。”

詹姆斯并不气馁，再接再厉，最后如愿以偿，被保险公司聘用。这位昔日的棒球明星严峻冷漠的脸庞上，绽放出发自内心的笑容。它是那样真诚自然，有让人无法抗拒的魅力，令顾客无法拒绝。就是靠这张并非天生而是苦练出来的笑脸，詹姆斯成了全美推销寿险的高手，年收入突破百万美元。

第七章
缔造基于情商的影响力

影响力是凭借自己的品德、才能、知识、情感等个人素质对他人所产生的自觉自愿追随的能力。宽容、博爱、微笑、赞美、幽默等优秀的人格品质无疑会缔造你基于情商的影响力。

上班第一天，给人好印象

职场新人刚进公司，常常因为不注意"第一印象"而给以后的交往带来不少的麻烦。第一印象之所以在人的认知中占着优势地位，是因为任何最先出现的因素都会产生一种心理定势，这种定势将影响着人们对于后来出现的信息的知觉。人们对某个人一开始就形成了内向性格的印象，那么今后就将以这种印象观察和知觉他，并有意或无意地注意他与自己印象相符合的言论或行为。为了给你的同事们留下好印象，你要注意以下问题：

1. **衣着要整洁大方，同自己的身份相符，同时要照顾你的交往群体的习惯。**到一个新岗位工作，穿着就需要有所区别。如果穿上见恋人的衣服去陌生的地方上班，就会给人以过分炫耀的感觉。有些青年习惯于不修边幅，周围朋友了解你，这也没有什么不可；但在对方尚未完全了解你之前，过分随便则可能会引起误解。当然，过分修饰也大可不必，因为油头粉面往往会给人一种轻浮的感觉。

2. **言谈举止要讲礼貌，不要以为是"小事"而不在乎。**比如，同事正在谈话、讨论问题，你硬插进去打断人家的话，就不礼貌了。听别人讲话，跷着二郎腿，表现出心不在焉的样子，也是不尊重人的表现。在陌生的地方不要东张西望，更不要随便翻阅人家的东西。至于说话带脏字，那就更不好了。

3. **态度要真诚。**实事求是，讲心里话，不要言不由衷，口是心非。躲躲闪闪、拐弯抹角，多数人是不喜欢的。即使一两次见面，人家被你的虚伪、客套蒙骗过去了，以为你很有涵养，时间一长，这种印象就会被破坏掉。当然，对人真诚并不等于讲话不注意分寸，该说的话实实在在地说，不该说的也不必多说。

4. **待人要不卑不亢。**不卑，就是不卑躬屈膝，做出一副讨好、巴结人的样子，卑躬屈膝是有损人格的；不亢，就是不傲慢自居，似乎自己比别人技高一筹，这也会引起别人的反感。不论同谁交往，也不论对方地位高低、资历

深浅、条件优劣，都要不卑不亢、热情谦逊。

5. **不要不懂装懂。**一个人不可能什么都懂，知之为知之，不知为不知，不要强不知以为知。如果你在办公室胡说一通，在场的人相对你所说的问题恰恰又是专家，这种尴尬不是找个台阶就能下来的。你又怎么会有一个良好的人际关系呢？

6. **不要问自己不需要知道的事情。**多嘴多舌，常会引起别人的反感，尤其是贸然问起别人难以启齿的私事，更容易使别人尴尬，从而不想同你继续交往。讲话也不要啰嗦，现在都市人的生活节奏很快，如果事情已经办完了，还在那里赖着不走，就会让人讨厌，更谈不上会给别人留下什么好的印象了。

7. **为人不要过分敏感。**有些话对方出于无心，你过分敏感了，就显出性格的多疑和褊狭。有些事情对方不是这个意思，你却想入非非，彼此也就难以投机了。

要给别人留下良好的第一印象，不单单是技术问题，更主要的还是自己的文化素养、心理素质问题。因此，要给人留下良好的“第一印象”，就离不开提高自己的文化修养程度，离不开进行日常的心理训练。当然，“第一印象”并不是交往的结果。知人贵知心，真正的了解，需要有一个过程；对人的深知，需要依赖时间的积累，这些就不是“第一印象”所能解决的。因此，你完全没有必要因为太顾及第一印象而给自己过重的压力。正确地对待第一印象，本身就是一个良好心理素质的问题。做到这一点其实并不难，试试看，压力即会消除。

融入新环境

来到一个新的环境中，你首先遇到的必然是对新环境的适应问题，其中不仅包括生理适应、知识技能的适应，而且还包括心理上的适应。适应新环境，通常不外乎两个方面，一是适应新的工作；二是适应新的人际关系。就

前者而言，人们一般还是不难做到的，只要你工作或学习认真、态度端正、虚心好学，随着自己知识技能的提高，你也会很快适应自己的工作或学习的。就后者来看，则要困难一些，你要经过一个“角色认可”的过程，因为当你进入一个新的环境时，你就以新的角色出现在别人面前，别人对你自然会提出他们的“角色期待”，当你的行为表现满足或超过了他们的角色期待，他们就会欣然地接受你为他们理想中的伙伴，这样，你这个新角色就得到了他们的“认可”，你也就适应了这种新的环境；反之，你的行为表现低于甚至明显低于他们的角色期待，他们就会对你不满，他们同你的关系就难以融洽，他们也就不会认可你的新角色，你当然也就不能很好地适应新环境了。当出现这种情况时，你就会产生压力。你越是不能适应新环境，这种情况就越是严重，以至于最后出现恶性循环。

其实，任何一个环境中的人际关系，其复杂程度往往都超乎我们的想象。因此，当我们来到一个新的环境，为了能够较快地使自己的角色为人们所认可，我们应该力争做到以下几点：

1. **恰当地调节自己的情绪**。刚到一个新的环境中，暂时不适应，这是很正常的事情，切不可急躁冲动，要经常进行自我调节。根据变化了的环境来分析自己个性中的弱点，通过学习新知识、掌握新本领，来调节同新情况不相适应的情绪，为克服困难创造条件。

2. **与人友好相处**。这包括以下几个方面的内容：首先，要表示自己友好相处的良好愿望。日本人有一种习惯，初到一个新环境，第一件事就是向周围的同事做自我介绍，然后说请大家多多关照，这本身就表示了一种希望得到信任和帮助的愿望。其次，对人要真诚、友善。人们往往都喜欢与诚实、正直的人相处。所谓真诚待人，就是要言行一致、表里如一，尤其不要阳奉阴违。初到一个新的环境，既要主动热情地与周围的人接近，但同时也要切忌孤芳自赏、自命清高，使人产生你高人一等的感觉，特别要注意自己的言谈举止，让人觉得你比较容易接近，愿意同你交朋友。多了几个朋友，你对新环境的了解就比较全面，你也就可以较快地熟悉周围的人了。

3. **要严于律己，宽以待人**。律己和待人的态度可以充分反映一个人的

修养，也是决定一个人能否与他人很好地相处的重要因素。生活中总是充满了矛盾，人与人之间免不了有一些磕磕碰碰的事情。初到一个新的环境，即使遇到不顺心的事情，甚至与他人产生了矛盾，你也应该善于克制自己的情绪、约束自己的行为，而在别人产生消极行为和情绪时予以谅解，这样人们才会愿意同你交往。

当然，适应一个新的环境，并非一朝一夕就能办得到的，它常常需要有一个过程。只要我们方法得当，再经过我们的主观努力，这也不是什么高不可攀的。当你已经融入一个新环境后，压力也就会随之消退了。

给你的“磨合期”加点油

职场中，同事间难免产生矛盾，遇事要忍让，针尖对麦芒只会两败俱伤。同事相处关键在磨合，多给你的磨合期加加油吧！

李苗苗毕业两年跳了5次槽，她说绝对不是我想跳，其实有些工作是非常不错的。只是我这个人个性太强，常常与上司或同事有摩擦。对于那些不适合自己个性的地方，我就一走了之，相信总能找到适合自己性格的工作。

看到一家公司打出了“给你足够的舒展空间”的招聘广告，李苗苗觉得就是这家了。经过面试她很顺利地成了这家公司的一员。果然这家公司的企业文化和管理都够人性化的，可李苗苗待了半年多，与同事的摩擦却越来越厉害了。她特别看不惯一些同事，比如，有人喜欢斤斤计较。而且她看不惯，就会口无遮拦地说出来。有人暗中说她难以相处，她认为他们这是妒忌，因为李苗苗的销售业绩特别好。李苗苗没把这当回事，她打定主意，这次决不轻易辞职了，还打算在这里大施拳脚呢。跟我合不来，他们可以辞职嘛。

可“火山”还是爆发了。一天，李苗苗和一位同事去见客户，她早就制订了计划，很有把握拿到订单。她先跟客户谈，她说完后，同事竟提出了跟她

不同的意见,让她的自尊很受伤。她们当着客户的面争执起来。那客户看着她们不知所措。最后,客户取消了订单,理由是不想跟一个谈判前内部都不一致的公司做生意。那是笔不小的生意,公司要追究责任,把板子打到了李苗苗的身上,说她事先没有沟通。她解释说是同事任性、妒忌心强。老板嚷道:“这些毛病你身上一样不少,为什么别人能宽容你,你就不能跟大家融合到一起?”她说,她不会委屈自己的个性!一气之下,她决定要辞职了。头儿看着她的辞呈,说依你的个性,如果在这待不下,那走到哪儿都待不长久。

辞职后李苗苗在一家私营企业谋到了职位,那个家族式的企业更是让人憋气,她做了没两个月就走人了。这时她有些怀念以前的公司。老板听说她又辞职了便找到她,说想让她回去工作,老板说她是公司的得力干将。

虽说脸面无光,但李苗苗还是回去了。出人意料,大家都对她很好。见她很感动,老板对李苗苗说,其实人都有个性,都有缺点,自己有个性也应该想到别人也同样有个性,不要针尖对麦芒。不能你有摩擦就走人,因为想让人接纳你的个性也有一个磨合期,你相处越久就越会发现,公司的人都还是不错的。

仔细一想,老板的话也有道理。这以后,李苗苗就不那么张扬了。碰到可能产生冲突的时候,她宁肯不作声,尽量做到别太有个性。没有个性却像是润滑油一样,使她跟同事的关系变得融洽起来。

等大家都了解她的个性了,即使她的个性控制不住时偶露峥嵘,同事们也能宽容地理解。她知道这是因为“磨合期”过了。

成功处置妒忌的冷暴力

李静波大学毕业后留在广州,应聘进了一家合资企业,被任命为市场策划部主任赵雅的助理。赵雅是大姐大级的人物,已经有 3 年“工龄”。在赵雅的帮助下,李静波工作得得心应手、游刃有余。因李静波计算机技术精湛,3 个月试用期刚结束,她便运用这方面的专业技能替部门编制了一套软

件，把文件输入电脑中存档，大大提高了工作效率，因此赢得了老板的赏识。

一次，公司想竞标一家海外公司的一个大单，要求各部门拿出一套方案，大家忙得焦头烂额。由于李静波刚来没多久，他们没有让她参加。为了检验自己，李静波查资料、找朋友，通宵达旦地准备了一套方案。最后，赵雅他们的方案被一一毙掉，而李静波的方案却为公司立下了汗马功劳。老板在中层干部会议上当众宣布："奖励李静波一万块钱，以及一周带薪假。"可是，李静波休完假回来，却感觉办公室的气氛与从前大不一样了。

李静波进办公室的时候正好看见赵雅倒水，就热情地跟她打招呼："赵主任，早上好。"谁知，她怪怪地看了李静波一眼，"哦"了一声就走了。下班后，李静波诚心诚意地约大家吃饭。没想到，他们都像早就约好了一样，纷纷找借口推辞了。

第二天，李静波向赵雅请教一些模棱两可的数据。她表情冷漠地指点过后，当着大家的面一撇嘴，半开玩笑半认真地说："李助理是公司公认的精英，不会连这些数据都不能把握吧？"话音刚落，便隐隐听到一片嘲笑声。不仅赵雅，其他同事也在有意回避李静波。李静波反复检点自己的言行，觉得自己并没有做错什么，怎么就遭到他们如此冷淡的对待呢？

在别人取得成绩之时心生不满，嗤之以鼻，这就是妒忌情绪的流露。怎样才能把妒忌的冷暴力踢跑呢？

1. **以诚恳化解同事的妒忌。**微笑着和每位同事打一声招呼；哪个同事工作忙了，就主动留下来帮忙。工作上若是与人配合中的某个环节出了差错，要实事求是，是自己的错，就主动揽下来；若是同事的错，就说是自己没有配合好，不要把责任完全推卸给同事。

此外，在生活中，以诚恳的心充分向同事们示好。帮助新来和有难的同事，和她们成为好朋友。

2. **巧踢上司的妒忌。**对来自于上司的嫉妒要用"崇拜＋赞美"的方法。每完成一份策划工作，我们要说一些类似这样的话："您的工作能力好强哦！不过我觉得，您的人格魅力更吸引人。听说好多人都是因为您的人格魅力

主动请缨来策划部工作的啊。能成为您的副手,真是一种荣幸!”

自己胸有成竹的事,也要假装十分棘手地向上司请教,把“功劳”让给他们。比如,“赵主任,琢磨许久,这个计划很重要,我仔细斟酌后,还是您主笔吧。您毕业于名牌大学,又有丰富的市场知识……”如遭拒绝,你要这样说:“您的专业意见和操作经验才是最重要的。我可不想让辛苦做出的计划胎死腹中,然后遭老板的弹劾啊。您就辛苦一次吧,我保证尽力做好您的助手,计划完工后我请您吃饭。”这样你们之间的隔阂就会减少了。

3. **职场里的最高境界是双赢。**面对那些忌妒心强的同事、上级,千万不要想着置对方于死地。巧妙地化解矛盾,真诚地沟通。只要处理得当,不但能够化解隔阂,而且还能够巩固彼此之间的关系。

掌握“叛逆”的分寸

具有叛逆性格的人由于喜欢表现以显示其与众不同,更因为他们从来都不惧怕别人对他们有什么样的看法,所以缺乏必要的谨慎。加上容易冲动,职场犯错误就不可避免了。

另外,具有叛逆性格的人大多心直口快,不愿强忍,尤其不愿遭受侮辱。所以在此类情况下,有时就会头脑发热,做出一些常人认为不理智的事情来。

人的心理需求是复杂多样的,心态也是活动多变的,而具有叛逆性格的人往往很容易受一些社会不良因素的误导。他们极力想展示自己的个性,表达自己的情感,但总是与社会环境格格不入,不为传统道德认同,不为社会所认可,于是,心理就容易失衡。

尤其是“80”后的职场人,社会经验不足,叛逆性格又明显,而且常常以为叛逆性格是社会新生力量的表现,致使自己的行为高度个性化,甚至偏执地认为,凡是不符合自己思想的观念和政策都是错误的,都是不合理的,都需要改造。但他们并不知道社会发展是不以人的意志为转移的,于是,受挫

是不可避免的。

屡屡受挫之后，性格叛逆者便感到社会生活乃至家庭空间都很压抑，便又倾向于厌世，甚至认为自己生不逢时，空有抱负而不能实施，无处发泄，只好牢骚不断，心态变得消极，最终导致一事无成。

因此，作为“80”后我们一定要把握好自己的性格，掌握好自己工作中的分寸，不要把学校里或者日常生活中养成的一些“叛逆”习惯和行为带入自己的工作环境中，否则受伤的只能是自己。

要化解自己的逆反心理，你就要认识到这样一个事实：人活着，就是一个不断适应的过程。这种适应，从运动的观点出发，是平衡不断被破坏，紧张不断产生的整个身心的生命过程，也是重新恢复平衡，使人的生命得以延续的一种活动。所以，适应与其说是单纯的生物化学意义上的新陈代谢，不如更为积极地说是不断产生紧张的运动和发展的过程。当然，人和生活环境相互保持协调——不是单纯地顺应环境或改变自身的条件，而是要积极主动地控制自己的意志来调整和改造环境。因此，适应有各种不同的方式：既有习惯性地重复同样行为的适应，也有根据环境在一定的范围内灵活地进行变化的适应。这种种方式的适应使人们一方面在性格上进行着适应，另一方面又保持着自己的特点。需要，也可称之为冲动、本能、欲求，是使人进行这种种适应的直接原因。下面我们就具体分析一下需要，以找到化解逆反心理的对策，为人们提供消除这种压力的妙方。

1. **生理需要**。要求对有机体来说不可缺少的物质条件，比如，要求休假等。

2. **社会需要**。要求为其他人所爱，也要求爱其他人；要求从属于某个集体，从事与其他人类似的工作。要求交友、从属、支配、保护、赞赏、优越、反抗、攻击、防守和保密等。

3. **理智需要**。要求接触现实，与现实相协调；要求以具体事物来表示某种概念；要求增强指导自己的能力；要求成功和失败保持适当的比例；要求个性得到发挥；要求获得事实，进行说明，形成组织，建立秩序，使目标和各种重要因素相互建立联系等。

4. **情绪需要**。要求避免被批评，克服困难，获得快感，消除紧张，避免出丑，储藏和保存个人财物，与异性交往等。

当需要受到阻碍或得不到满足，就出现了“需要受阻”。需要受阻，就会产生紧张情绪，进而变得烦躁不安起来。如果对这种状况自己能进行抑制，或者能根据对状况的判断加以合理解决的话，即能够做到理智地进行思考，不感情用事，并对实际情况进行调查分析，然后采用有效的、为周围人所认可的方法加以解决的话，我们称之为忍耐度高或忍耐性好。这种忍耐度会因人的性格不同而各异。

忍耐性强的人，在他的生活或社交上各种各样的需要受阻是间隔一定时间才会产生的，这样的话他们就有充裕的时间去掌握解决需要受阻的办法。这种人通常是宽容而有耐心的。另外，从幼儿期起就很少产生不满情绪，或即使产生了不满情绪，也能受到父母亲适当引导的人，长大成人后其性格的忍耐性就比较强。这种人由于适应性强，所以周围的人大都很喜欢他。而在父母亲的溺爱中长大，对生活的适应能力很差，没有学会解决需要受阻的相应方法的人，或者需要屡屡受阻，而在学会其处理方法之前还是频频出现需要受阻，因而生活经常处于不安定状态的人，其性格的忍耐度一般较低。他们不能很好地适应社会，不能很好地与环境保持圆满、和谐的关系，他们的这种性格不仅不为周围人所喜欢，有的甚至还要惹周围人生厌。

下意识的情况下，当人们的需要受阻时，他们就会对阻止需要的人、物、制度和环境等采取攻击性态度，以此来消除心理上的紧张。实际上，在采取攻击性态度的时候，往往伴有恐惧和愤怒的情绪，有时甚至会因情绪失控去攻击那些与阻止需要毫不相干的东西。攻击有两种：一种是从正面积极地、公然地进行的；另一种是从侧面消极地进行的。歇斯底里、神经质型的愤怒即属于逆反心理状态下的攻击。我们一定要认识到，攻击既不是合理的反应，也不是有目的的行为，它并不能解决问题。

经过上面的一系列分析，我们就能找到逆反心理的症结，从而端正自己的态度，解除职场压力。

秀出你的魅力

所谓魅力，指的是人与人之间的一种由喜欢而引起的感召力和吸引力。职场人际交往，除了一些工作交往之外，很多是凭着个人的兴趣、需要、喜欢等进行的。而在此，魅力就成了一个很重要的条件。具有魅力的人，在人际交往中必然会引起更多人的喜欢，必然会有更大的感召力和吸引力；反之，缺乏魅力的人在人际交往中则常常会遭到别人的冷落和歧视。当你处在这种状况中时，压力也就产生了。

那么，什么样的人才具有魅力呢？对于魅力的内涵，不同年龄、不同层次、不同职业以及不同性别的人都有着各自不同的理解。例如，一个正在选择恋人的小伙子更多地受着女性容貌魅力的影响，而对于一个正在工作岗位工作的中年人来说，有知识、有能力则对他们更有魅力。综合起来说，魅力常常与下列因素有关：

1. **趋同意识**。人们往往喜欢那些与自己相似，且具有同类格调的人。这说明相似性也是魅力的一个因素，这种相似包括体貌、性格、态度、智能、教育等许多因素。相似性之所以能产生魅力，是因为人们大都喜欢自己、珍惜自己，而且在态度、兴趣、价值观等方面类似的人之间容易产生心灵上的共鸣。所以人们总是喜欢同自己相似的人交往，认为这种类型的人容易沟通和交流，客观上这种类型的人也就必然具有魅力。

2. **有知识**。在当今人们崇尚知识的时代，知识已经构成魅力的一个很重要的因素。在邻里、同学、同事之间，某人如果不断向他人介绍一些知识，即使是国内外的新闻，人们也会逐渐对他产生崇敬心理，逐渐地被他所吸引，他的魅力也就自然而然地产生了。

3. **有能力**。能力是智慧的象征，是成功的标志。对于一些从事实际工作的人来说，他们的崇尚能力高于崇尚知识，所以能力也具有一定的吸引力，也是构成魅力的一个因素。

当然，在与魅力相关的这三种因素中间，它们各自在你的职场人际交往中所起的作用也是不尽相同的。人际交往中的魅力与人们文化生活的联系更密切，它具有浓厚的感情和审美色彩。

了解了与魅力有关的因素，你就可以从这些因素下手，塑造自己的魅力了。

首先，增加自己的魅力，需要接近他人并掌握交往的分寸。人与人之间只有相互接近，才能相互了解、熟悉，人的气质、才能等只有在相互熟悉的人之间才能表现出来，才能产生魅力。一般来说，在具有好感的人之间，在具有相同态度的人之间，接触次数越多，相互之间越熟悉，就越能增加相互间魅力的程度。

其次，魅力的增强还要以时间、地点、对象为转移。如果你对处于困境中的人伸出援助之手，其言行很容易招人喜欢，容易产生魅力，此时即使是对他人微小的帮助都会引起他人的好感。

除此之外，魅力的作用还可能会以客体的状况为转移。比如，在老年人面前，最受欢迎的是礼貌、恭敬，而在年轻人面前最具感召力的则是机智、勇敢、朝气蓬勃等。

魅力这种神秘品质使人开心、消怒，并且悦人和迷人。你知道了它的妙用，就赶紧去增加自己的魅力吧，它能很好地消除你的职场社交压力。

如何化解与他人的误会

误解是别人没有能够正确地理解自己的言行，甚至做了完全相反的理解。但是，无论是不正确的理解，还是相反的理解，都不是故意、蓄意，更不是仇视；无论客观效果如何，都不存在主观上要进行伤害的企图。当然，被人误解、无端地蒙受冤枉和委曲的确是件令人不愉快的事情。但是，如果你遭到别人的误解，便不能冷静地克制自己，采取当场顶撞、抗拒的态度，在公众场合搞得对方下不了台，形成以错对错的局面，使彼此的关系进一步僵

化，甚至于互相形成偏见或成见，后果是很不好的，而且你因此还要承受很大的压力。

职场中，别人误解自己属于人际间的认知关系问题。例如，有的人出于缺乏经验，往往从表面现象上认识别人，从而对别人作出错误的判断。当然，有时候职场认知关系中，也有较多的情绪因素掺杂其中。比如，有的人对自己喜爱的同事容易感知到其优点，对不喜欢的同事则容易感知其缺点，但这种情况是个别的、少见的。当你认识到这其中的原委时，你就能够很好地处理别人对你的误解，也就缓解了自己的压力。

1. **要冷静地分析误解产生的原因。**譬如你主动做好事，有人却说你是“做给领导看”。为什么会这样？是别人不了解情况，还是你平时确实有讨好领导的苗头，抑或是别人对你有意见？这就需要进行分析。如果确属自己有这方面的缺点，不妨“有则改之”；如果不是，那也不必着急，时间是澄清误解的良药。

2. **对误解要“解”而不要“误”。**所谓“解”，就是缓解、化解矛盾；所谓“误”，就是错误地对待误解——以其人之道还治其人之身，别人讥讽你，你也找机会对别人进行攻击，结果非把矛盾扩大不可。应该看到，在多数情况下，误解的发生总是意味着误解者同你之间已有某种隔阂，只是这种隔阂平时未被你注意到，而在这次误解发生时，它才显现了出来。这时，就需要我们做修补工作。

正确地对待误解，误解就可能成为“云尽暮山出”“雪消春水来”的转机；对误解意气用事，误解就很可能成为关系进一步恶化的导火线。

3. **自己的行动不要为误解所左右。**尽管被人误解会严重地挫伤你的情绪，但是人的情绪还是应该为理智所控制。如果别人的说三道四可以左右你言行的轨迹，那么你就很难成为职场生涯中的强者。在误解面前消极退却，反而授人以话柄，使你更苦恼、更消极，由此陷入情绪和行为的恶性循环。有人说你“在节骨眼上做好事”是为了讨好领导，这使你很伤心。消除这种错误议论的唯一方法，乃是一如既往地做你认为应该做的事情。要相

信,心灵的阳光,哪怕其光热弱如初春残阳,但是只要积以时日,总能融化人际的冰雪。水滴能石穿,日久总会见人心。

人生很难完全排除苦恼,但人生可以消化、转化苦恼。明白了这个道理,我们对“被人误解”的难题或许就不难找到对策了。一句话,消除误解的关键在于“解”。当你能够消化别人的误解时,压力就会在你的面前无影无踪。

对流言淡然处之

职场中总是有这样一些人,只要发现别人做了件稍微新鲜的事,便少见多怪,在背后说三道四、议论不停。而作为被议论者,轻者心理会产生一种很不自在的感觉;而重者,则成了某些流言蜚语的牺牲品,背负着沉重的压力生活。在这种压力下,心理承受能力好的,自己能逐渐化解这种压力;心理承受能力不好的,很可能就会辞职走人。

李灵刚进单位时,任职行政助理。虽然她只有中专学历,但她做事特别努力,深得大家的喜爱。

市场部经理张先生是一个重业绩而轻学历的人。没过多久,他就发现李灵身上有一股闯劲儿。他大胆地将她调到销售部门,并独立地主持一个区域的工作。由于工作的缘故,他们经常一起出差,一起吃饭,一起探讨工作。可能因为在一起的时间太多,渐渐地,办公室就传出了他们关系暧昧的流言。

起初她对此一无所知,但她觉得周围人的目光越来越怪异。有一次,一位年长的同事意味深长地对她说:“请不要锋芒太露!”不得已,李灵去找要好的同事张梅想问个明白。

张梅到现在还后悔,不该将听到的流言告诉李灵。她记得李灵听完她的话,吃惊得张大了嘴,半天说不出话来。李灵是一个很要强的人,她不能容忍无凭无据的流言再继续下去。第二天,她就找了办公室里那个最爱传播小道消息的“小广播”,警告她不要随便乱说话。而对方也毫不示弱,结果

双方不欢而散。

有了这档子事以后，李灵在工作中常常分心。她有意地和张经理疏远，但流言还是越传越烈。万般无奈，李灵提出了换一个部门的申请。结果，她被换到了公司的售后服务部。可能是因为售后服务部所需要的耐心细致和李灵的性格相去甚远，刚调到新岗位不久，她就与客户发生了争执。原本这只是一个工作中的失误，但是新的流言马上又传开了。有人说："李灵以前在销售部的业绩，都不是自己做出来的，而是张经理帮的忙。李灵根本就不能胜任销售部的工作！"最后，这样的流言竟影响到了售后服务部经理，他做出了让李灵停职的决定。

这一下，李灵不得不来到领导的办公室，进行"恳谈"。但经理态度坚决，希望她做一次深刻反省。李灵急火攻心，而又有口难辩。此后，她不管遇见谁，都要为自己辩解一番，想通过解释，还自己一个清白。可是，谁也帮不了她。她的情绪日渐低落，最后竟走到了辞职这一步。

怎样面对工作中的流言蜚语，让自己工作得开心愉快呢？

1. **保持镇定**。切忌在流言面前暴跳如雷，大吵大闹。那样只会于事无补，反倒给上司留下一个遇事急躁、缺乏沉稳的坏印象。流言绝非空穴来风，静下心来寻找一下源头，寻求解决之道。切记，流言面前保持微笑、冷静，要比捶胸顿足、泪雨滂沱好得多。

2. **应该把别人背后的议论看成是生活中的常事**。意大利诗人但丁在"炼狱"的诗中描写自己在炼狱中游历，听到几个灵魂在窃窃议论，对他说长道短。他转过身去想看一看，这时他的老师告诫他：人家的窃窃私语与你何干？跟随我，让人家去说长道短！要像一座直立的塔，绝不因为暴风而倾斜。俗话说：哪个人后无人议。被人议论实际上是天天都在发生的事情，人生活在群体之中，时时与群体发生着联系，被人议论，也是群体与你发生的一种互动嘛。议论有符合与不符合你的内心要求的两种。前一种议论，人们听了大多高兴；后一种议论会让你不是滋味。可是，不符合自己愿望的议论，就其内容来说，有对与不对之分；就其动机来说，也有善意与恶意之分。对的，我们就应该虚心听取；不对的议论，我们听过就算了，没有必要总是想

着它，更不应该为别人的议论所左右，只要你有坚定的信念，就一定要坚定不移地干下去。

3. **许多不正确或不妥当的议论，随着时间的推移也会变化。**一般说来，一个新的东西刚刚出现时，总会被人议论，等到它为人们广泛接受之后，议论也就自然消退了。事实胜于雄辩！走自己的路，让别人说去吧。

让大家信任你

取信于人，在职场交往中是非常重要的。得不到别人的信任，你就会对自己产生怀疑，进而沉浸在这种状态中不能自拔，最后就会产生很大的心理压力。要想在职场交往中取得别人的信任，就要掌握恰当的方法：

1. **守信。**常言道，无信不立，守信是取信于人的第一方法。如何才能守信呢？保持言行一致、说到做到是守信的基本要求。比如，严格遵守时间，就是守信的一个重要标志。前苏联教育家马卡连柯说过，时间的准确，“是对自己和同志的尊重”。当然，当条件变化时，可以根据实际情况对原来的许诺做适当的变动。在这种情况下，许诺者一定要向交往的对方做必要的解释。

2. **信任是相互的。**要想让别人信任你，那么你首先就应该信任别人。信任本身，就是取信于人的方法。当然，信任不是盲目的，应该以了解为坚实的基础。

3. **增进了解。**没有了解，信任无从谈起。信任是一个过程，是一个了解的过程。信任应建立在了解的基础上，交往关系中的信任与了解是可以催化的。一个人要想尽快取得他人的信任，就应该主动地从心理上、情感上接近别人，让别人尽快地了解自己。

4. **不轻易许诺。**俗话说“轻诺寡信”，所谓轻诺，就是毫无把握地许诺，既不了解客观情况，又没有自知之明。轻诺的结果往往是诺言不能实现，最终失信于人。要做到不轻诺，除了对自身的能力有比较清醒的认识外，还必

须对客观情况有比较深入和细致的了解。同时，还要防止养成吹牛皮、说大话的习惯。有些人谨慎许诺，一旦许诺，就要保证做到，这种人才会被看做守信的人、诚实的人、靠得住的人。

5. **诚实**。保持诚实的美德，以诚实待人，是取得信任的一种积极方法。古人说："以诚感人者，人亦诚而应。"现代社会心理学研究表明，人对人的反映如同人照镜子一样，你给镜子的是什么样子，镜子就给你反映出什么样子，这是人际交往中的反映规律。

6. **培养才能**。卓越的职业才能因素也能使人们产生敬佩感、信服感的心理效应。尤其是对于一个领导者来说，更是如此。例如，一个会用人所长的领导者，人们往往会对他产生信任感、亲近感。领导者的才能越高，其影响力越大，群众的信任感就越强烈。

7. **树立自信心**。这也是取信于人的一种方法。一位科学家曾说："自信是成功的第一要诀。"在日常工作中，以坚定的自信心取信于人的情况是很常见的，例如，在分配任务时，如果一个人充满信心、态度坚决，而另一个人说话吞吞吐吐、态度不坚决，领导者肯定会把任务交给第一个人去完成。相反，如果一个人办事犹豫不决，说话毫无主见，见人点头哈腰，人们肯定不会对他报以信任的态度。具有自信心的人之所以能取信于人，其原因在于人们都有求稳和求可靠的心理。具有自信心的人在相处、说话、办事等方面，总是能给人以稳重、可靠的感觉。

相信自己，让你的同事信任你，你的工作将如鱼得水。

广结善缘铺就成功之路

那些令人羡慕的成功者，除了他们本身具有一些优越的条件外，还有一点，就是他们身边有一群非常要好的能够为他提供各种帮助的朋友。这些朋友帮他出谋划策，对他提出一些较高的要求，不让他有丝毫的松懈和半点的放弃。

为了取得成功，我们也需要有这样一群良师益友，需要有这样一张良好的人缘网络。

人际关系对一个人事业的成败及生活的好坏具有极大的影响，是人生布局中最重要的一个环节。成功在很大程度上取决于一个人拥有良好的人际关系。因此，与合适的人建立稳固关系对我们每个人都至关重要。

良好的人际关系能开拓你的视野，能让你随时了解周围所发生的事情，能提高你倾听和交流的能力。总之，它对你事业的发展有重要的作用。

纽约时报的记者曾经问过美国前总统克林顿这样一个问题，即他是如何保持自己的政治关系网的。克林顿回答说："每天晚上睡觉前，我会在一张卡片上列出我当天联系过的每一个人，注明重要细节、时间、会议地点以及与此相关的一些信息，然后输入秘书为我建立的关系网数据库中。这些年来朋友们帮了我不少。"

克林顿认为，人缘关系对一个想成就一番宏伟事业的人是极其重要的。他意识到了其对自己事业发展的重要性，从而发挥了人缘关系的重要作用，推动了自己事业的发展，促成了自己的成功。

好的人缘关系是通向成功的铺路石。然而，我们优秀的关系网络都是双向的。如果你仅仅是个接受者，无论多么好的人际网络都会疏远你。因为事实上的确如此。广结善缘就是要主动地关注帮助他人，向别人伸出你援助的手，付出的爱心，与之结为挚友，这样，别人才会在你求助或你遇到困境时，拉你一下，把你送上成功之路。

无论何时何地，朋友之间的交往都十分重要。善于交朋友的人不仅生活得快乐自在，而且事业成功的机遇多多，并且时时可以得到众人的帮助。因此，一个人的人缘如何，交友能力如何，实际上反映出他人生布局的能力。

随着社会的发展进步，友谊被赋予的内涵十分丰富。在生活中，友谊也常会受到利用而被玷污，友谊的误区比比皆是。不过，更多的人们还是坚信：有了朋友，生命才显示出全部价值。罗曼·罗兰说："智慧友爱，这是照亮我们的黑夜的唯一光亮。"生活于社会中的人们，不仅要和睦相处，还应该

互相帮助、互相尊重、互相关心。

你必须为你周围需要你的人贡献你诚挚的爱，学会用正当的方法来赢得一个人的心，那样你才能在人生的路上一路好走。

我们经常会发现生活中有这么一种现象，有的人人缘看起来挺不错，新朋友一个接一个，但是真正需要帮忙的时候，只怕一个可依赖的朋友也没有。

其实，交朋友有点像晒梅干。梅干起初也是新鲜的果子，经过一番时日的酝酿，才制成后来的美味。朋友自然也是由生而熟，在长时间的交往之中，各种不同的思想见解，经由交流和冲突，而获致融洽。两个不同价值观、不同思想的人，要完全彼此理解配合默契，需要时间，时间是最好的考验。只有在面临变故的时候，能够共患难的人，我们才称之为朋友。

近几年来，各行各业的人们开始离开原有的单位和职业，开始新的选择，他们中有一些人开始以内向、能力不足的模样进入商界，可是过一段日子后，这些人就变得有信心、有能力了。是什么使他们有了这么巨大的变化呢？原来在许多情况下，这些人过去一直生活在消极的环境中，而且周围的人也不断地在他们心灵中注入消极的因素，并且告诉他们哪些事情不能做。这些人在进入商界之后即意味着在环境与同事方面是一种极大的转变。现在，每一个人都开始向他们说，他们能做些什么，他们从经理与同事那里听到了积极的叙述。他们每天都看见这种工作与生活方式在各方面产生的结果。由于他们发现这种喜欢自己的做法实在有趣，所以他们通常会很快地开始改变自己的形象。

与积极的人交朋友，你的思想就会积极起来。与消极的人在一起，你也会变得墨守成规，裹足不前。这是因为**与别人相处时，你会获得你周围的人的大部分思想、举止与个性，你的情商也会受到你的环境与伙伴的影响。**

用真心赞美他人

如果你身边都是正直又有能力的人，而这些人又和你有相同的方向及

类似的价值观,你会发觉常常慷慨地将功劳归于他人并不是件困难的事。感谢那些帮助过你的人,公开地感谢他们的协助及贡献,对他们宝贵的意见及努力心存感激。

关于感恩,你经常会发现自己接收到的谢意,往往比付出得更快、更多。

一个小男孩非常淘气,他做了错事常受妈妈的批评,于是小男孩非常恨他的妈妈,就跑出家,来到山腰上对着山谷大喊:“我恨你! 我恨你! 我恨你!”山谷传来回应:“我恨你! 我恨你! 我恨你!”

小男孩大吃一惊,然后,跑回家去告诉他妈妈说,在山谷里有个可恶的小男孩对他说恨他。于是妈妈就把他带回山腰上并让他喊:“我爱你! 我爱你!”男孩按他妈妈说的做了,这回他发现有个可爱的小男孩在山谷里对他喊:“我爱你! 我爱你!”

生活就像山谷中产生的回声一样,给予你相应的回应,你付出什么,就会得到什么;你耕种什么,就会收获什么;你能在别人身上看到的东西,你自身也一样具备。

尽管获得别人的称赞不应该成为你赞美他人的动机,但往往你得到的赞美会比你给予别人的更多。当你真诚地感谢他人,大方地赞美他人,并对他人的努力怀有发自内心地敬意时,你其实是肯定了他们的价值,结果人们将乐意与你为伍,提供给你更多的帮助。

你现在所取得的成就并不完全是由你一个人造就出来的,即使你不曾正视也不曾意识到这个问题,但可以肯定一定有人曾经帮助过你。当你能公开地对自己及他人坦然承认,你并非独立达成这些耀眼的成就,所以不能独享荣耀时,一种完美和谐的感觉会在你的内心和你的人际关系中逐渐浮现。你与朋友之间的相互感激与温暖的友谊使彼此不但共享成功的果实,且彼此相互鼓励,不断地成长。

你是否曾经看过巴拿马运河,或五大湖中水闸的运作情形? 在水位移动的过程中,船只上升十几英尺的高度,它们是怎么做到的呢? 并非有人将船抬高,而是因为水位上升,船只自然也跟着升高。这就好比当你赞美、归功他人时,你的人生也会因此变得更加乐观,充满了感恩之心及源源不绝的

活力。

开始赞美你身旁的人吧！告诉他们你真的爱他们，赞扬他们的贡献，并对他们为公司、为某一部门，或某个团体所做的一切，说声："谢谢！"因为播种赞美，你就会收获赞美。

不要轻易制造敌人

人们永远不会知道，何时会需要眼前这个人的帮助。如果你一时不小心损害了他人的利益，伤害了他人的自尊，可能又为你自己制造了一个敌人。

其实，这种情形是可以避免的。人生旅途中的荆棘已经够多了，你没有必要为自己设置更多的障碍。

在人际关系复杂的今日社会，任何一个名不见经传的人，都可能创造辉煌的业绩。毕竟这是个努力就会有收获的年代，不是那种贵族会坐马车，平民用脚走路的年代。如果有谁仍想用以貌取人的方式来生存，不多久就会遭到社会的淘汰。

如果有谁现在还以为有钱人一定会用名牌，没钱的人一定用地摊货，想以这种短视的眼光来评量一个人，是不太聪明的。

一次，英国剑桥大学的校长办公室，来了一对其貌不扬、衣着十分普通的夫妇，他们和秘书说要见校长。秘书看了看这两个人的衣着，心想不是太重要的来宾，请他们坐后，便不愿传达。三个小时后，秘书发现夫妇还在等，无奈之下只好传达，校长不耐烦地出来，问："请问有何贵干？"

"先生，是这样的，我儿子生前在这所学校学习生活得很快乐，我们夫妇想建座纪念性的建筑来纪念他短暂的生命。"夫妇说。

校长看了看他们，冷冷地回答说："这是不可能的，如果每个人死后都想在这里建纪念碑的话，这座校园早就成墓场了！"

"不，先生你误会了，我们夫妇俩是要建一座学院来纪念他，并不是要建

碑。"夫妇急忙解释。

校长和秘书一听，望了一眼打扮得很一般，走入街头的人群中就很难再分辨的一对夫妇，他俩不禁轻笑出声，说："我们学校的建筑是很讲究的，每一个学院要五百万美金，你们付得起吗？"

夫妇俩惊讶地看着校长和秘书。校长和秘书一见他们的表情，在心里轻笑："不自量力的家伙。"

没想到夫妇竟说："早知道建一座学院只要五百万美金，我们不如建一座学校来纪念他。"

夫妇俩站起身来走了，只留下身后惊愕不已的校长和秘书，他们没想到其貌不扬的夫妇，有如此雄厚的财力。

这便是斯坦福大学的由来。

这个故事告诉人们：以貌取人，想当然地看不起他人是多么悲哀，多么愚蠢。人们永远不要想当然地看不起，不尊重某个人，否则你就为自己设置了一个障碍。人生的际遇不是任何一个人所能预设的，但你至少可以做到：不制造敌人。

不要强入别人的心灵禁区

一位诗人因为不受人欢迎而大为苦恼，他扪心自问："世界上有哪个人的作为，能满足世人的所有需要和欲望？"

他想了一整夜，只有一个答案："没有人能做得到。"

纵使是最随和、最亲切的人，也无法符合所有人的要求，使每一个人都满意。

如果能认清这个事实，人生便会充满智慧。忽略了这一点，或者是看不清，人们就无法满足于现状，要求也更多了。这样一来，人生就会显得很悲惨。

没有任何一位妻子会彻底地了解自己的丈夫，相同的，也没有任何一个

丈夫会完全地了解自己的妻子。每一个人都有隐私，有隐秘的角落，不容许人们闯入。

英国女作家乔治·艾略特的小说中，描述了有位太太临终的时候感到非常悲伤，不是因为自己即将要离开这个世界，而是因为一想到自己的丈夫，以后将找不到开启柜子的钥匙时，不禁悲从中来。

事实上，大多数人都找不到进入他内心的钥匙。

正如美国女诗人艾米莉·狄金森所说的，人们需要一点"绝对私密"，了解这点之后，我们就会产生谅解的心理，不致硬闯别人的心灵禁区。

人应该富有生活的色彩，但是不应该对生活中的细节耿耿于怀，细节有时会变得毫无趣味。

大多数人的生活，都是由许多微不足道的小事累积而成的。但是，千万不要为了小事而让生活变得了无意义，让自己变得毫无价值可言。

现实生活中，对大事的处理上，可以表现一个人的能力，而小事则可以表现出一个人的本性。待人处世是一门精致的艺术，假使我们可以娴熟地表现这种艺术，那么不但可以使自己的生活充满乐趣，也可以增添他人的快乐。

要学会宽恕别人的本性和行为。行为往往是出自于人们的本性，很多人想把身旁周围的人都加以改造，但这是不可能的，正如旁人也不可能把我们自己加以改造一样。

每一个人都有属于自己的特性，我们应该尊重别人的本性，彼此宽恕，否则人与人之间就很难泰然相处。**为人处世最重要的原则是把自己的事情做好，约束自己的行为，不要试图改造别人来适合自己的生活价值观。**

赢得他人的友谊

好朋友是一生的财富。在现代社会，能够赢得他人的信任，是一种荣誉；能够赢得他人的支持，是一种幸福。一旦你能够赢得他人的信任与支

持，你就可以与成功为伍。

有人说：朋友是一面镜子，这面镜子比水晶还透明，比山上的清泉更清澈。

在竞争激烈的现代社会，任何人，尤其是青年人，如果想要出人头地，没有什么比赢得他人的友谊与支持更重要的了。赢得朋友的友谊和支持能够奠定事业的基础，并为自己带来无穷无尽的支持和快乐。

掀开历史的扉页，人们不难看出，诚挚的友谊往往是改变人生的重要力量，是改变命运和前途的重要转折点。

当加菲尔德在威廉姆斯学院求学时，他和当时的校长马克·霍普金斯结下了深厚的友谊。许多年以后，当加菲尔德成为美国总统时，他说："如果我能够重回童年时代，如果我能够在这样两所大学之间做出选择：一个是藏书丰富，实验仪器精良，但教授平庸的大学；一个是处于深山老林，装备简陋，甚至只有一间帐篷，但有着像霍普金斯博士一样优秀、睿智、知识渊博的教授的大学，那么我会选择上霍普金斯的课程，而不会去听那些平庸教授的课。"

事实上，如果缺少了真诚的友谊，如果缺少了坦诚的帮助，许多人在没有成功之前，就早已经心灰意冷，一蹶不振了。正是由于那些热心朋友的不断激励和帮助，他们才最终坚持了下来，并取得了最终的成功。那些取得丰功伟绩，在世界各地得到荣誉的人，其成功很大一部分的功劳归于他们的妻子、母亲、兄弟姐妹和其他亲密的朋友，没有他们的热心鼓励与无私帮助，他们的成功就不会那么容易取得。

可悲的是，有很多人几乎认识不到朋友在自己人生道路上的作用。他们把所有的功劳都独揽怀中，把荣誉的桂冠只戴在自己的头上，大肆吹嘘自己独到的眼光、敏锐的判断力和曾经付出的艰辛劳动。

如果我们直接或间接地否定了朋友给予的帮助和支持，无视他们曾给予的激励和建设性意见，撇开他们给予的扶持和引导，大部分人将会发现，自己的成功将会缩水许多。

在现实生活中，我们不难发现那些刚刚从业的年轻律师往往会花费许多时间和精力去结交朋友，培植友谊，这是一种非常明智的做法，因为他知道：只有朋友能够帮助他在事业上获得成功。一位年轻律师的朋友会告诉别人，他一定会成功，哪怕他成为议员、最高法院的大法官也在情理之中。这样的口碑太重要了，因为不管这位律师多么聪明能干，多么能言善辩，对法律条文的理解多么透彻，如果没有身边朋友的举荐和支持，没有谁会委托一个经验不足的年轻人来承接自己的诉讼案件。

对于年轻的医生来说，也是同样的道理。在他的事业之初，朋友的支持至关重要。只有朋友们才能想他之所想，急他之所急，只有他们才能纷纷伸出帮助之手。即使他经过充分准备，对自己的医术充满信心，但要想使人们相信他是一位医术高明的医生，还是颇费周折的。只有他的朋友在别人面前称赞他的医术高明，并证明他曾经很快医好了自己的疾病。这样一来，人们就会对他另眼相看，他的生意也会好起来。

以小本生意起家的商人更是如此。不管他的为人多么诚实，经商多么公正，心地多么善良，他毕竟还不熟悉从商之道，也不为人所知，他必须从一开始就要赢得大众的好感和认可。

更重要的是，友谊对一个人的性格影响极大。因此人们在选择朋友时一定要谨慎。希里斯博士说过："友谊可以决定一个人的命运。当年轻人忽视他身边的朋友时，其成功的机会就会大打折扣。"我们的性格，或多或少会受到朋友的影响，同时会染上他们中性格好的或坏的一面。在他们的品质中，不管是高尚的，还是卑贱的，我们总是会受到影响。

如果一个人与说谎者在一起，他就会谎话连篇；如果一个人与嘲弄者在一起，他就会总是冷嘲热讽；如果一个人与贪婪的人在一起，他就会变成一个吝啬鬼；如果一个人与仁爱的人在一起，他也会满怀爱心。

一个心态健康、思想深刻的人可以帮助你开拓思想，不断增强你的智力和思考能力，激发你成功的欲望和灵感；相反的，如果与你为伍的是一些缺乏思想的人，那么他们会抑制你不断开拓自我的激情，他们会让你封闭，让

你回到孤零零的自我世界中去。

在生活中，我们需要的就是这样一些真正的朋友！他们可以促使我们在做任何事的时候都能够全力以赴，竭尽所能。和这样的朋友在一起，我们觉得自己很伟大。他们有着无穷无尽的魅力，他们在我们的面前开启了一扇生活之门，无论什么问题，在他们那里都能得到透彻的解答，哪怕是只言片语，也可以提高我们的理解力，增强我们的执行力。一个真正的朋友可以激发自己的潜能，就像他把自己的力量输送给自己一样，使自己能够充分开发自己的力量。

真正的朋友，他会在你最需要帮助的时候来帮助你；会在你最需要安慰的时候来安慰你；会在你最需要鼓励的时候鼓励你。对很多人来说，良师益友恰到好处的安慰和鼓励，往往会成为重塑人生的一个转折点。

如果生活中没有友谊，就像地球上失去了太阳一样，因为太阳是上天赐予我们的最好礼物，而友谊则可以给我们带来最大的欢乐。

在这个世界上，没有什么比真正的友谊可以给我们更多的激励、帮助和快乐，真正的友谊就是生命中最大的一笔财富。

友谊不是一厢情愿的事，没有相互帮助，没有互惠互利，就没有友谊。一个只希望“回报”，不希望“付出”的人，他永远都无法尝试友谊的甘甜。

那些试图交友的人，首先应该培养这种品质，能让自己为别人所钦佩，让自己对别人有吸引力。如果你是一个卑鄙、吝啬、自私的人，没有人会理会你的存在；你只有处处为他人着想，你只有做到了慷慨和大度，你才能赢得别人的友谊。如果你是一个自私自利的人，只想在相处中谋求私利，或只是一心想着利用别人，或只是一味地想着别人的帮忙，或把别人看做是自己向上爬的垫脚石，或把他们看做是自己的摇钱树，他们一定也会以同样的方式来对待你的。

现代社会竞争越来越激烈，人们面临的挑战越来越大，如何更好地赢取别人的友谊，如何更多地取得别人的支持，就是能够取得成功的关键因素之一，只要很好地掌握了这一点，你的人生必将是卓越的。

不要让他人左右你的路

现在这个社会中有些事情就是这么奇怪，一个人如果平平庸庸地做事情，甚至什么都可以不做，他可能就会平平安安地过日子。一旦你做出点成绩，得到点荣誉，蜚短流长、嫉风妒雨便往往相伴而来，这是一种很不正派的风气。轻者它会使先进者受到打击，落后者得到保护，给上进者带来很大的烦恼。重者，它甚至会使人因此而丧失信心。

当你也陷入这种状况时，你就会被烦恼缠上身，进而产生巨大的压力。那么，当遭人嫉妒、"风刀霜剑"加身时，该怎么办？对待别人的嫉妒，最佳的方法既不是通过压抑自己来平息别人的嫉妒，也不是通过回击别人来对抗别人的嫉妒，而是采取中庸之道，即不理会别人的嫉妒，继续走自己的路，让别人的嫉妒之情自然平缓。

培根说："嫉妒是常见的社会现象。"但有两种人一般是不会遭人嫉妒的，一是原先条件就比别人优越的人，他们取得比别人更优越的地位，别人认为是理所当然的；二是付出了巨大的努力才改变自身地位的人，别人认为这种努力是自己所难以付出的，因而也就无嫉妒可言。这就是为什么前几年暴发户很容易受人嫉妒的原因。因为别人对这些暴发户的"暴发"不服气，可是当暴发户成了新的社会显贵以后，人们的嫉妒也就会慢慢地缓和下去，直到转移到新的暴发户身上去。

现实生活中的嫉妒也有相似特点。本来"平起平坐"的人，彼此不相上下，或上下不大，这可以说是一种平衡。具有平衡感的人，对平衡圈子中的人大多是不会嫉妒的。后来，有人冒尖超过了别人，原有的平衡被打破，不平衡出现了，于是有的人就开始嫉妒冒尖者。这种嫉妒将一直持续到冒尖者的冒尖成为稳定的现实，成为别人认为是不可改变的新的平衡时为止。显然，这种平衡同原先的"平起平坐"的平衡，已经具有质的不同。所以消除别人嫉妒的最好办法，就是致力于造就新的平衡。遇嫉而"退"，无非是退回

到原有的平衡上去，遇嫉而"击"，无非是激化不平衡所带来的心理对抗，这种对抗又必定会分散嫉妒者的很多精力，使新的平衡难以出现。只有遇嫉而进，继续走自己的路，不为别人的冷嘲热讽、流言蜚语所分心、却步，才能慢慢地使不平衡成为嫉妒者所能接受的事实。你一个月工作业绩超过别人，别人认为是偶然的，可能会嫉妒你的"运气"，两个月、三个月工作业绩超过别人，别人仍可能认为你"鸿运高照"，继续嫉妒你的进步。然而，当你的工作业绩稳定在比别人高的水平上，一段时间以后，别人认为你是工作优秀的人，这时，你就不再成为他们嫉妒的对象。

这就是消除嫉妒的最佳途径，借用但丁的话来说，就叫"走自己的路，让别人说去吧"！尽管这条路并不平坦，但确实是走得通的。

嫉妒别人是不好的，对别人的嫉妒也不应迁就，但缓和别人的嫉妒则是可以做到的。让别人知道你的"幸运"是同你所付出的努力成比例的，这对于缓和别人的内心不满以及由此产生的嫉妒之情，是十分必要的。**此外，帮助别人进步，使别人看到自己的潜力所在，也是有效的办法。**在生活中我们经常可以看到，同样是工作、学习有所作为的人，肯帮助别人的人，"人缘"总比"独来独往"的人来得好，受人嫉妒的情况也来得轻，原因就在于此。

增强你的亲和力

拥有良好的人际沟通和亲和能力是每个人都梦寐以求的。良好的人际关系和亲和力会给你带来种种的好处。它不仅使你获得更多的友情，感受到人与人之间的关爱与温暖，还使你获得更多的人际资源，让你获得意想不到的好前途和好机会。

生活在这个世界上，每天都必须要与人打交道。无论是作为一名销售人员，还是作为一名科研工作者，还是一名行政管理人员，良好的人际沟通能力都是通向你事业成功的桥梁。一个具有良好人际关系和亲和能力的人在工作中会有很好的人缘，也容易得到同事的支持和鼓励。

如果你想具有这种良好的人际关系和亲和力，首先要深刻地认识自我。

人贵有自知之明。只有深入地了解自我，你才能有了解他人的基础。所以先深刻地认识自己才是真正具备良好的人际亲和力的基石。每个人在成长的过程中，都会有一些创伤和问题所在。他也许会在童年时代感觉到自卑，或者自傲，或者是事事以自我为中心，或者曾经遭受到各种各样心灵上的创伤。这些问题的存在，都会影响到成年之后的良好人际亲和能力的培养。深刻地认识自己和了解自己，不让童年时代的阴影影响现在的人际交往是以自我反省为开始的。

你要增强自己的亲和力，就必须不断地进行人际交往实践，并加强自我在实践中的体验和感受。

深入了解自己并进行人际交往的实践是加强人际亲和能力的重要过程。在人际交流中，别人作为一面镜子，可以折射出自己的某一面，从别人的身上，可以看到自己心灵中自己看不到的侧面。在与他人的交流和实践中，又可以不断地强化自己的实战能力，随时修正自己。有人在童年时期很少与人交往。虽然他们曾经是一个快乐活泼的孩子，可是由于封闭的家庭环境，所以他们和人交往的潜能被压抑了。他们成年以后渐渐成为一个木讷寡言、容易紧张、容易害羞的人。有的人因为生活所迫，不得不去谋生，如做销售等专门和人打交道的职业，渐渐地他们和人交往的能力在实践中就无形地增强了。生活证明，实践是增强人际亲和力的必经课程。

你要增强自己的亲和力，就应该扩大自我意识，加强人际包容能力，加强对他人的理解能力。

每个人都有一个特定的成长环境，家庭环境和社会环境给你的自我意识打下了一个烙印，使你对人产生独特的看法。这些观点在和其他人交往的时候，都会影响到对他人的评价。当你是从自己的世界观、人生观和价值观去评价他人时，就无法深入理解他人内心深处的感受。所以在洞察自我的基础上，在人际交往中，如果你能够不断地放下自己固有的价值观标准，能耐心地倾听来自他人内心深处的声音，便会看到一个与自己不同的全新

的内心世界。在这样的过程中,你的自我意识就会扩张,对人的理解能力也在增强。一个能深入理解他人的人,其人际亲和力自然就会增强了。

你要增强自己的亲和力,就要防止烦躁情绪的干扰和破坏。

当你处在高度的压力下,就会出现焦虑的情绪。当你的许多内在的情感需求得不到满足时,它们就会不断地从潜意识中浮现出来,就会使你变得烦躁不安。虽然懂得人家交往的原则,可是生理状况不允许你做得很好,所以你不由自主地发脾气,会因为一点鸡毛蒜皮的小事而生气。这样渐渐地在无形中便会给自己的人际关系增添许多麻烦,人际亲和力就会下降。所以要劳逸结合、工作和生活兼顾、紧张和松弛并存,你首先要有一份好心情,才能有良好的人际亲和力。

同事间的最美距离

一群豪猪在寒冷的冬天相互接近,为的是通过彼此的体温取暖以避免冻死,可是很快它们就被彼此身上的硬刺刺痛,相互分开。当取暖的需要又使它们靠近时,又重复了第一次的痛苦,以至于它们在两种痛苦之间转来转去,直至它们发现彼此保持一种适当的距离,可以使它们能够保持互相取暖而又不被刺伤为止。

这就是叔本华的豪猪哲学。他认为:人与人交往也并非越密切了越好,过于密切会使彼此受到伤害,人与人之间也应有一定的距离,只有使双方保持适当的距离,让别人拥有适当的私人空间,沟通才是对双方有益的。

不管你是否正和同事面对面,还是与他保持着十几步之遥,你和同事之间有着一种最美的距离,把握好尺度,你会快乐地度过每一天。

1. **无须嫉妒**。与同性之间的关系较难处理,有时很难把握。比如,看见别人的着装较有档次,会不愉快。这时不妨提醒自己:“衣服穿在不同的人身上会有不同的效果,也许穿在我身上的衣服穿在她身上并不漂亮,而她的衣服穿在我身上也不见得漂亮。”这样将她的着装归纳为“衣服款式”即可。

同时，也要研究什么样的职业装更适合自己。根据经济收入调配原有服装，使之得体而不乏时髦，不失为良策。

看见同伴较会打报告，你也不必为此而大惊小怪。倘若他的报告是对公司发展有利，则完全可以赞同；如果只为他的个人利益，也可以完全不去理会，只当做“处理事件不当”，对他个人将来的品格发展必无益处来评判就可以了。每个人都不会在同一家公司干一生，大家均是过客而已。关心值得你关心的，学习值得你学习的东西，这就足够了。

2. **表示友好**。对办公室里的每一个人都应表示友好，尤其对同性则更应如此。因为每个人来公司上班均是为了生存，大家的工作都是为了一个共同的目标，都感受同一种压力，工作中谁也少不了谁。因而如果能够以一颗同情心来看待同伴的话，关系将很好处理。因为是同性，很多感受和对事物的看法都有共同点，可以找一些大家都感兴趣的话题，不为是一个表示友好的方式。当然，对一些自己认为是话不投机的同性伙伴则采取“工作伙伴”的态度来对待，可以发展为进一步朋友关系的则多交流一些，不是“同路人”的则少交往一点。

3. **虚心**。可能因为是异性的缘故，对许多事物的看法普遍有很多分歧。如果你是在异性面前很虚心的人，你会很容易发现你在异性中十分受欢迎。因为人们通常对异性均没有排斥感，许多人爱帮助异性工作伙伴，他们把这个看做是职场中成就感的一个标志。人人都希望被异性重视、仰慕，一个人如果注意吸取他人的优点，他可以从每个工作伙伴身上学到不同的有助于自己发展的优点。平时注意观察他人的优点，不计较他人缺点的人，会觉得办公室里的人际关系很容易处理。

4. **不轻浮**。对待异性采取大方、不轻浮的态度是同异性工作伙伴交往中一个很关键的原则，其中包括行为和言语两方面。以尊重异性工作伙伴的关系来处理办公室中的事务，将会使某些复杂的事物变得简单一些。千万不要将办公室的异性关系处理成类似“恋爱关系”所期望的那种结果，也不要与某个异性发展成比其他异性更加亲密的关系。下班以后做朋友是另外一回事，但办公室内千万要区分“轻重缓急”的关系。

5. **同事交往中不要"过度投资"**。不要对人太好了！好事几乎都被做尽了，也会给你带来意想不到的结果。对一个有劳动能力、心智健全的人来说，独立、付出都是内部的需要。心理学家霍曼斯指出：人与人之间的交往本质上是一种社会交换，这种交换同商品交换原则是一样的，即人们都希望在交往中得到的不少于所付出的。其实岂止是得到的不能少于付出的，如果得到的大于付出的，也会令人的心理失去平衡。

同事交往要有所保留，初入社交圈中的人常犯的一个错误就是"好事一次做尽"，以为自己全心全意为对方做事一定会使双方的关系融洽、密切。事实上并非如此。如果好事一次做尽，使人感到无法回报或没有机会回报的时候，沉重的愧疚感会让受惠的一方感到与你交往有一种心理压力，会选择疏远。留有余地，好事不应一次做尽，适当地保持距离，因为彼此的心灵都需要一点私人空间。这也是平衡人际关系的重要准则。

赢得上司的信任

职场竞争激烈，如何稳操胜券，让你在公司中的位置无人可以代替？很多人都认为工作做好了就万事大吉了，而事实上你还要主动成为上司最棒的助手，争取上司的赏识和器重，这就要看你是否精明乖巧。正如拉瑟尔·瓦尔德所说："像老黄牛一样地在办公桌边做事或只知道埋头苦干，这些已不能帮助你获得加薪或提升。如果你能赢得上司的信任，你就能在激烈的竞争中，做个让老板无法不用你的人。"

1. **提前上班**。别以为没人注意到你的出勤情况，上司可全都是清清楚楚！如果能提早一点到公司，就显得你很重视这份工作。每天提前一点到达，可以对一天的工作做个计划，当别人还在思考今天该做什么时，你已经走在别人前面了。

2. **反应要灵敏**。上司的时间比你的时间宝贵，不管他临时分派了什么工作给你，都比你手头上的工作来得重要，接到任务后要快速准确及时地完

成。给上司留下反应敏捷的印象是金钱换不来的。

3. **向上司要求更多的工作与授权**。让上司感受到你对自己的期望与进取精神，这是他们考虑提拔的重要指标。所以你不可只满足于做好自己的分内事，还应在其他方面争取提升自己的工作价值。即使是极为困难的任务，也要勇于尝试。如果的确遇到难题，可先想想有什么好的建议。

4. **勇于承担责任**。无论你接受的工作多么艰巨，就算鞠躬尽瘁也要做好，不要老是以"这不是我分内的工作"为由来逃避责任。即使当额外的工作分派给你时，你也要乐于接受新任务、新挑战。主动承担一项被认为不受欢迎的项目，而且尽全力出色地完成，只会加深你在上司心中的印象。

5. **遇到困难保持冷静**。面对任何困境都能安然自得、毫不在乎的人，刚开始就取得了优势。上司和客户不仅钦佩那些面对危机声色不变的人，更欣赏能妥善解决问题的职员。

6. **让上司看到你的表现**。平时定期地将自己的工作进度及所完成的任务上报上司，让他看到并肯定你的存在及贡献。当有新员工进来时，可自告奋勇地"带"他，以此来表现你的热情及领导能力。

7. **善于学习，提高自己的业务能力**。如果你想成为一个成功的人，树立终生的学习观是极为必要的，既要学习专业知识，又要不断地拓宽自己的知识面，往往一些看起来无关的知识会对你的工作起到重大作用。

8. **积极参与公司活动**。借着公司的大小活动加深你在上级主管心中的印象，也可加强与其他部门主管及人员的交流与沟通。

9. **开拓自己在公司内外的人际关系**。通过公司内外的人际网络，不仅可以得到最新的信息，也能在换工作、升职时获得更多的机会。

10. **把荣耀全都归于上司**。你不要指望能坐到你上司的头上，因为能提拔你的只会是你的上司。将上司的名字挂在嘴边，将荣耀全都归于他，尤其是与他的上司同行的时候，提到他的功劳与苦劳，这些表扬将最终传到他的耳边。

让下属支持你

作为领导，不可能事事躬亲，许多事情要靠下属尽心尽力去做、去完成。因此，要做一个合格的上司，取得下属的支持非常重要。让下属支持你，就必须做到下面几点：

1. **了解你的下属**。只有了解下属的基本情况，你才能轻松玩转办公室的政治艺术；只有了解下属的情况，你才能因人而异，作出不同的应对方式和方法，才能量才而用。同时，给下属受“重视”的感觉，提高下属的工作积极性，增强工作责任心。

下属们都愿意让上司知道自己的名字，愿意在上司面前显示和突出自己。作为上司，应该理解下属的这种心理，并且充分利用，这种心理满足他们的自尊心，并适当地激发和鼓励他们。对此，你就必须尽可能地了解下属们的基本情况，并且越详细越好。越详细越能体现出你对他关注、了解的程度，越能使他感到高兴，他越高兴，工作热情就会越高，工作成绩也会更好。

如果作为上司，你对自己员工的情况一无所知，甚至在你公司干了好多年你连他(她)的姓名都不知道，他(她)会怎么想？这些都将会影响你在员工们心中的威望和他们对你的信任和支持。

2. **不花钱的感情投资**。办公室政治，简单地说其实就是一个公司文化和管理的具体体现。首先，作为一个领导者，怎样管理下属，怎样引导公司发展，就是办公室政治的艺术表现。通常情况下，只有赢得下属的拥戴，提高自身的影响，才能有利于自身的更高发展，因此，对下属进行感情投资，极其重要。

对下属的笼络，不外乎物质奖励和提拔重用两种。然而，感情投资亦是相当高明的一种手段。对下属进行感情投资，常会收到出乎意料、超乎寻常的效果。

感情投资是一种比较高明的领导艺术。如果上司关心自己、看重自己，

员工们能不尽心尽力为公司做事吗？而那些不注重投入感情的上司，是不会真正赢得下属的。下属们为你做事，如果只是纯粹的看在“钱”的份上，那么一旦有更好的机会，他们一定会毫无顾忌地另栖高枝，炒你的鱿鱼。

当然，收拢人心最重要的是要富有人情味。给出身低下者以尊重，给生活窘迫者以财物，给落难失魄者以支持。有时候，几句动情的话、一声温暖的问候往往比许以官职，给以重奖更能打动人。

另外，感情投资还表现在上司的大度上。在办公室政治中，作为上司对下属的过失要尽可能地给予原谅。特别是那些无关大局的过失，不要锱铢必较。放他一马，他必定会心存感激的。因为对下属的宽容、大度，也是制造部门向心效应的一种手段。如果因为一件小小的过错，便对下属大声训斥，发火发怒，势必使他心生怨气，暗恨于你。兔死狐悲，其他下属也会对你因此心生意见。久而久之，你就会失去人心。

3. **学会赞美下属**。每个人都希望别人能够肯定自己的优点和长处，在别人的称赞声中，肯定自己的价值。特别是下属，尤其希望在自己取得成绩时能够得到上司的称赞，得到上司对自己才能的认可。

所以身为上司，在办公室政治中，千万不能忽视了下属的这种心理。要知道，称赞下属，不仅仅是对他优点、成绩的承认、肯定，另外还可以增加上司和下属间的沟通、联络。

称赞的方式是多种多样的，如直接赞美法、间接赞美法、超前赞美法、中介赞美法、转借赞美法等。

作为上司给下属的称赞一般可采用直接赞美法和间接赞美法。

直接赞美，即当着对方和所有下属的面，以明确的语言表示你对下属的赞许；间接赞许，即运用眼神、动作、行为等向对方表示你赞赏的心情。

称赞的力量和作用是十分强大的，它可以创造出一种热情友好的交际氛围；能够促使对方形成良好的行为规范和道德风貌；能够很自然地赢得对方的回报；能够鼓励对方积极地与你协作，提高对方的工作意愿。

第八章 心灵瑜伽，调控情绪压力的策略

在生活中，你是否一有压力就烦躁不已？这是情绪在作怪！好情绪可以成就我们的人生，而坏情绪则可能让我们败走麦城。如何调节好自己的情绪，如何学会疏导和激发情绪，如何利用情绪的自我调节来改善与他人的关系？让我们在心理瑜伽师的指导下了解情绪、控制情绪、改变情绪，进而改变你的生活。

压力从自己身上找

什么是导致我们产生压力的根源，什么是我们产生心理困扰的根由？如果能从根本上了解自己的弱点，不是逃避而是正视它们，克服它们，或者避开自己的弱点，发挥自己的优点，压力就会由坏转好，变成我们的动力。

在你的周围，你肯定能经常听到有些人这样说："不行，我哪能干得了这个工作。"分析一下，说这种话的人，不外乎这样两种情况：一种是他们确实不想干这个工作，所以才那样说；另一种则是知道自己的弱点，并且发现了这项工作确实是自己的弱点之所在，如果接受这份工作的话对自己的压力太大，他们推掉这个工作，也就为自己避免了压力。我们的弱点给我们带来的麻烦如果仅仅是这些的话也还好，更为重要的是，它使我们受到心理上的压力和困扰，我们会感到自己生活得不愉快。解决这个困扰最好的办法就是克服它。想要克服就要先找到它的根源，它的根源就是自己的弱点，对自己的弱点无从知晓，克服也就无从谈起了。

要认识自己的弱点，就要在发现自己的弱点时，排除这种强烈的干扰因素，问一下自己：我难道是这样的人吗？诚实地告诉自己，如果在这个时候还要欺骗自己的话，就会使自己变得更加痛苦。要学会面对它，接纳它。

要认识自己的弱点并不是无迹可循的，以下这些暗示可以帮助你达到坦然接纳你弱点的目的。掌握了这些方法，你就能够游刃有余地调整自己的内心了。

1. **明白你的极限在哪里**。人都有一个自己不能承受的崩溃点，不管是肉体上还是精神上。这些崩溃点也因人而异：有些人可以承受这种压力，却承受不了那种压力；而有些人却能承受那种压力，不能承受这种压力。因此，不要过分地批评自己性格不坚强，你要养成承认自己的极限的习惯。

2. **不要试图超越你的极限**。一旦知道了自己的崩溃点在哪里，你就要尊重它。不要逼迫自己超越你的极限，不要为了向别人证明你能力非凡而

超越你的极限。为你自己做决定是需要勇气的——即使有些素质低下的人可能会讥笑你。这时候，你只要这样想就可以了：我只要做我自己就可以了，不必为了别人的意见而毁灭原来的自己。

3. **不要认为自己能力非凡**。不要把自己想象成一个超级无敌的大英雄或圣人。我们只是这个茫茫世界的一个普通人，超人只是作家们想象出来的。在现实生活中，我们就是一个"人"。人有七情六欲，有高兴欣喜，也有悲伤失落；既有失败，也有成就；有时困难和阻碍会接踵而来，使我们绝望得想放声大哭；有时辉煌和荣誉也会在你灿烂的心田添上一笔。如果每一个人对任何挫折都表现得毫不动摇，毫无痛苦，视其为无物，这种表现并不是什么所谓的"坚强"，而只能说明他对这个社会已经麻木了。那么强烈的刺激你都能无动于衷！不要觉得自己能力非凡，除非你是在做白日梦。把自己从这种思维的枷锁中解脱出来，你会发现自己活得轻松自在。

4. **人不可能十全十美**。十全十美的想法也是人的思想的枷锁。与其对自己不完美的地方长吁短叹，倒不如巧妙地利用或淡化它。化腐朽为神奇才是正确的想法。别对自己过分苛求，你会在自己的苛求里掉进压力的漩涡。应该去掉那些会给自己心理留下疤痕的肤浅想法。

5. **真诚地对待自己**。你的身边有这种朋友吗？在我们意气风发时对我们媚笑；当我们困窘落魄时，他们却逃得无影无踪。相信你肯定不喜欢这样的朋友。因此，你对你自己也要真诚相待。如果你羡慕自己的长处，痛恨自己的短处，那么你对自己就不真诚。你的自我评价将永远无法获得稳定，你也将永远无法获得幸福。接受你的一切现状，即使你跌入低谷，仍然相信自己还有成长的基础。

我们说坦然接受压力，并不是要你在压力面前退却或向自己的压力让步。而是要你意识到自己有了弱点时，不要因此而产生困扰和压力。你要做的是充分了解你的极限，然后你就可以很乐观地策划你的日子，接受压力，然后战胜压力，你的力量将由此而产生，你也将因此而走向成功。

认识自己的弱点才能够排除压力，只有当我们弄明白自己到底"弱"在哪里的时候，我们才能做到对症下药，压力才能够得以克服。

谨防压力的影响

人体对压力的每一个反应因情况的不同而各不相同：或坚守阵地，或发动反击，或迅速撤退。这种种反应是神经系统的自动反应，也就是说，这种反应不可能通过中枢神经系统有意识地支配。它是无意识的，就像我们看到危险会自动地躲避，天气一冷就自然地打冷战一样。人体能够根据情况的需要作出各种不同的反应，用不着我们告诉它该怎样反应。

在这种反应过程中，身体内部会发生一系列的变化，如果无限制地任其发展，那么每一个变化都能对我们的身体产生坏的影响。因为它们生性就只会做快速敏捷的反应，一旦紧急情况消失便立即关闭反应系统，否则就会产生副作用。

人体经过长时间的进化已经能以动员和解散的方法对付外界的威胁。然而，事实情况是，当今社会常常既不允许我们用种种反应去对付所面临的压力，又不能消除这些压力以使我们得到松弛。在这种情况下，身体必然会受到影响。

了解身体对压力反应的主要方面及其承受压力过久所受到的损害，无疑对我们有帮助。

你可以设想你总是家中晚上第一个下班回家的人：一天晚上，你跟平时一样回到家，走进你家必经的楼梯，突然踢踢踏踏的脚步声从楼上传来，随即脚步声走下楼梯。刹那间，你的自动反应系统开启，进入高度戒备状态，促使你做好准备：或者同来犯者战斗，或者尽快地撤腿跑出去。可是不一会儿，脚步声转下楼梯，发现来人是你的妻子。原来是她的工作时间出人意料地有了变动，今后将提前一小时到家。第二天晚上，当你步入回家的楼梯听到同样的脚步声时，就会在作出反应之前关闭自动反应系统，并向它保证这个脚步声不是威胁，而是受欢迎的声音。

这个例子说明了一点，即外界因素是两种情形下的同一种东西，所不同

的只是你对它的心理解释。正是这种认知评价激发或没能激发自动反应。通常情况下，不是直接选择反应的，也不是指示其他组织开始工作的。正如我们在有些时候会看到，有些人一遇到风吹草动便草木皆兵，而有的人则遇到强敌时才让自己拿起武器。这种情形既有性格上的原因，又有后天培养的原因。但不可否认的是，每个人在认知程度上所作的反应都会影响生理程度。因此，必要时改变这些反应将有助于阻止不必要的无意识活动。

一定程度的压力会增加生活情趣，激发我们奋进，有助于我们更敏捷地思考，更勤奋地工作，更会增强我们的自尊和自信。然而，如果压力超过了我们的承受能力，就会使我们心力衰竭，行为混乱。如果感到生活目标毫无意义，并且毫无希望，难以实现，我们就会感到自己是无用之人。如果这种状况持续太长，就会对我们的心理造成危害，最终使我们垮掉。

在面临压力需要作出认知评价时，常常会出现一个停顿，一旦作出评价，便会有反抗（或应付）压力阶段，紧接着（如果拖延时间超出了个人的承受能力）就会是精疲力竭阶段。处于反抗阶段时，人的心理作用会加强，从反抗到衰竭是个循序渐进的过程，而一旦衰竭，心理功能就彻底地停止作用。

生理能量和心理作用密切相关，生理和心理能量不可分割，因此，我们在生理上越感到衰竭，我们对压力的心理反应便越衰竭，反之亦然。有的人只要一发生生理受损，心理上也就退却了；而另一些人则相反，他们靠意志力坚持到哪怕是超出生理衰竭程度。

就压力的有益或有害的心理影响而言，有害影响也因各人的反应不同而各异，以下所列的是最重要的几个方面。

（1）精神涣散，观察能力减弱，正在做或谈论的事情刚进行一半就卡壳了。

（2）记忆范围缩小，对非常熟悉的事物的记忆力和辨别能力减弱，反应速度减慢；弥补的尝试可能导致莽撞的决策。这些有害影响所造成的后果便是在处理和认知事物时错误百出，作出的决策令人怀疑，大脑不能准确地估计现存的条件并预料后果。

(3)思维混乱，肌肉放松，良好的感觉能力以及抛却烦恼和焦虑的能力减弱，加大压力所带来的病痛，健康快乐的感觉迟钝。

(4)仔细谨慎的人变得邋邋遢遢、马马虎虎，善良的人变得冷漠，已经存在的焦躁、忧郁、神经过敏、自我防范、充满敌意的性格更加恶化，行为规范和对性冲动的控制力减小，脾气暴躁易冲动。

(5)精神萎靡，感觉自己的生存没有任何价值，对外界事物，甚至自己本身都没有任何影响力。

(6)结巴的人更加结巴。没有一定的人生目标，工作和生活变得索然无味，爱好也成了明日黄花。常发瘾症，对咖啡、尼古丁、酒等过分依赖。甚至吸毒也时有发生。精力衰退，常失眠，却又找不到失眠的原因，整天生活在萎靡当中，却还要不停地向人抱怨。

(7)不负责任的心理出现。对不属于自己的事情采取“事不关己，高高挂起”的态度。做事没有长远打算，只要眼前解决就好，行为古怪，思想怪异，与社会融不到一起。感觉自己活着没有意思。

这些对心理的影响是因人而异的，即使在遭受最大程度的压力时，也很少有人表露出全部症状。严重的程度也是因人而异的，但这些症状的出现说明个人已经达到或正在达到压力不能承受的阶段。你要时刻注意检查自己，如果你的身上出现了上述这些不良影响的症状，说明你已经在压力的重压之下了，你即将被压力压垮。你必须及时地抓住这个危险的信号调整自己，和压力开战。

变压力为动力

你如果一味地把心思放在压力上，压力就会被无限放大，想得越多，压力就越沉重。如果把压力变为动力，把压力遏制在摇篮里，你的眼前将是另一番风景！

笑笑打电话给好友欢欢说，这几天压力特别大。总编不仅让她做日常

性工作，而且另给她安排了工作，让她写两个大条目，一个条目有10000多字。欢欢很为她着急，问她该怎么办。她在电话里一笑，说："那我就接招呗。"她还说："总编让我写的那两个条目，是我未曾涉足过的。我要挑战一下，不论写的是否过关，我都要写下去！"欢欢问她写那两个大条目的时间从哪里来，她说："下班的时间写啊，周六日我就去图书馆查资料。"最后，笑笑还问欢欢怎么样，要多休息，保持好心情等安慰的话。她打完电话后，欢欢感慨道：自己工作那么多，还谈笑风生，又安慰我，真是举重若轻啊！

据欢欢所知，笑笑每天的工作量已经很大了，她常和欢欢说要做个有责任心的编辑，事实也证明凡她经手的稿件，很难让总编挑出毛病来。不让总编挑出毛病，除了技术过关外，无非是要比他人更仔细，更用心，那花费的时间就要比他人多。在听说总编让她写两个大条目时，欢欢真为她捏了一把汗！现在看来，笑笑真是把压力化为动力了。希望她早日完成那两个大条目。

一个月后，笑笑给欢欢打来电话，兴奋地告诉欢欢，条目在总编的指导下都已完成，完成这两个条目是她编辑技能的一大提升，她的业务又精进了，她特别感谢总编能给她这次锻炼的机会。

在美国有名的麻省阿姆斯特学院做了一项实验：

试验人员用很多铁圈将一个小南瓜整个箍住，以观察当南瓜逐渐长大时，对这个铁圈产生的压力有多大。最初，他们估计南瓜能够承受的最大压力大约为500磅。

在实验的第一个月，南瓜承受了500磅的压力；实验到第二个月时，南瓜承受了1500磅的压力；而当它承受到2000磅的压力时，研究人员必须对铁圈加固，以免南瓜反过来将铁圈撑开。

最后，当研究结束时，整个南瓜承受了超过5000磅的压力后才产生瓜皮破裂的现象。

他们剖开南瓜时发现它已经无法再食用，因为其间充满了坚韧牢固的层层纤维，试图想要突破包围它的铁圈。为了吸收充足的养分，以便于突破

限制它成长的铁圈，它的根部甚至延展超过8万英尺，所有的根往不同的方向全方位地伸展。最后，这个南瓜独自地接管控制了整个花园的土壤与资源。

以上实验说明：每个生命都充满弹性，就好像一条坚韧的弹簧那样，受到施加给它的压力越大，它的反弹力也就越大，产生的动力也就会越大。

人的心灵力量也是如此，他所感觉到的压力越强大，得到行动的力量也会变得越强大。对于人们的需要来说，生命有很多需要，需要得不到，会迫使他去思考自己的发展，逼迫他必须做出实际的行动。某些时刻人类是因为自身的需求以及需求的压力，变成动力，而取得进步，不断地创造神奇与伟大，使人类的世界变得更加和谐，更加光辉，更加灿烂。压力可以成为一种动力，我们首先要认识压力存在的积极因素，改变对压力的消极和失落的印象。然后，就要学习对压力的认识和管理，进而彻底地征服压力。

不同的人能承受的压力是不一样的。在人们可以承受的范围内，压力产生积极的效果，激发人的创造力，使人努力上进。一旦压力过久，超过人所能承受的程度，人们就会表现出消极的情绪和行为。比如，失眠、暴躁、酗酒、对抗等。

其实真正可怕的，并不是压力本身，而是我们面对压力时所产生的反应。积极的反应能使我们健康向上，充满活力，对自己的工作和生活起到推动、促进和提高的作用。消极的反应则影响了自己的心理状态，同时也恶化了自己的工作和生活环境，并对同事和家人产生不良的影响。

当我们意识到压力是一把双刃剑的时候，我们就应该不再害怕任何压力，不因为自己能承受巨大的压力而沾沾自喜，也不因为自己不能承受的压力而烦躁不安。**对自己不能承受的压力要泰然处之，毫不在意；对自己能承受的压力要抓住机会，努力工作，化压力为动力，加速提高自己的能力。**

善待别人，善待自己

在单位，索妮和刘佳关系非常好，姐妹俩几乎是形影不离，无论做什么，两人都是同进同出；中午两人还吃一个饭盒里的饭菜。谁要是说了索妮一句什么她不爱听的话，刘佳准得跟那人没完；刘佳要是想拿谁开个玩笑，在一边敲边鼓的肯定是索妮。

前些日子，办公室主任一职空缺，经理决定在索妮和刘佳两人之间选择一个担任这个职位。尽管表面上看两人还是很要好，可实际上两人都偷偷地较上了劲。比如，索妮在电话里跟刘佳说办公室里的事，刘佳便赶紧说："先这样吧，回头再说。"便匆匆挂了线。在别的办公室闲聊时，不知是谁说索妮工作劲头足，不料刘佳却说："劲头足归劲头足，可不一定还有后劲。"要是以前，刘佳是绝对不可能这么说的。

两个月后，经理公布了最后的结果：索妮当上办公室主任，刘佳原地不动。中午在食堂吃饭的时候，大家看到两人在食堂的两个角落里各自吃。迎面碰上，两人总是把头低下，加快脚步，神情漠然地匆忙而过，仿佛在躲避瘟神一般。时不时的，会有人告诉索妮，刘佳在她背后说她什么来着，刘佳也能听说索妮说她的"坏话"……

这就是竞争中的嫉妒心理，这种心理导致了两个好朋友成为了对头。本来，只要公平竞争，不怀嫉妒，朋友当上了办公室主任，这是应该庆贺的事情。一旦心存嫉妒，好事情最后变成了好朋友之间的友谊破裂。

嫉妒是一种不能公开的阴暗心理。日常工作中，嫉妒心理常发生在一些与自己旗鼓相当、能够形成竞争的人身上。比如，对方在职位竞争中得到了提升，人们都过去称赞和表示祝贺，自己却躲在角落里独自郁闷。由于心存芥蒂，事后也许或就对方升职的事，或就对方其他事情的"破绽"大大攻击一番。对方如果是一个心胸狭窄的人再如法炮制，以牙还牙。这样下去，对双方的事业发展和身心健康都是极为有害的。

所以,一定要克服自己的竞争嫉妒心理。要克服嫉妒心理首先要先想后果,认清事情的危害性。其次,如果被嫉妒心理困扰,难以解脱,一定要控制自己,不做伤害对方的过激行为。然后不妨用转移注意力的方法,将精力投入到一件既感兴趣又繁忙的事情中去。

竞争中的嫉妒心理往往发生在双方及多方,因此注意自己的性格修养,尊重与乐于帮助他人,尤其是自己的对手。这样不但可以克服自己的嫉妒心理,而且可以使自己免受或少受嫉妒的伤害。同时还可以取得事业上的成功,又感受到生活的愉悦,一举几得的事,何乐而不为。

大千世界中,每个人都有一个适合自己的位置。正确地确立自己在生活与事业中的位置,正确地评估自己的能力和价值,不嫉妒别人,以一颗平常心善待别人,也善待自己,平常的人生也自有它平常的珍贵!

挑战竞争压力

在计划经济年代,竞争压力相对较小,人们只要有一个稳定的工作岗位,就能过完一辈子。但是现在科技高度发达,竞争也变成了家常便饭,竞争的影子无处不在。我们要想得到自己想要的东西就必须通过竞争才能得到,在这种情况下,竞争压力就必然存在。那么,如何应付来自竞争的压力?如何提高竞争力呢?

首先你要清楚的一点是,你无法控制别人,也无权掌控公司领导的做事方法,但你自己却完全在你自己的掌握中。因此,和你竞争的不是别人,恰恰是你自己,这里的意思是你要向过去的表现挑战,超越自己。只要你把自己的能力发挥到极致,就一定能成功。

美国加州大学洛杉矶分校的传奇篮球教练约翰·任登在20世纪60年代中期到70年代的14年内,领着他的弟子获得10次全美大学联赛的冠军,这个纪录空前绝后。他在训练时从不讨论别的队伍怎么样,只要求球队全力练习。他发现这个方法非常管用,可让他的队员全神贯注,对自己的能力

和技术充满自信，时刻准备迎战每一场比赛。

商业界这类的例子更多。像玫琳凯化妆品的玫琳凯、中介业的史瓦伯、隔夜快递服务的福瑞德·史密斯，他们很少注意要如何和业界竞争的问题，但却能披荆斩棘为自己开创一片兴旺的事业。

如果你也能像这些成功的人士一样做，你的工作表现就会慢慢增进，同时，压力会逐渐减少，日积月累，你就会拥有大成就。

让自己更具竞争力的最好办法就是使自己成为不可缺少的人。以下就是为你提供的一些小技巧：

1. **做没人愿意做的工作**。你可以找出自己的发展方向，挑一样公司很需要但又不是非常容易学的技能或专业知识，并且最好是别人不愿做的或者没想到的。当这项技能在公司派上用场时，你在公司的重要性就显现出来了。

2. **多做额外的工作**。如果想走在公司其他同事的前头，就多做一些本职工作之外的事。当你每天都能坚持下去时，你终将会被注意到的。

3. **老板不在时**。这样的情形每天在千千万万个办公室里发生：老板一出门，办公室中就呈现出一片松懈的景象。许多人溜到其他人的位置聊天；私人电话响起；午休时间延长；在电脑上玩游戏。公司的老板们也发现，当他们不在时，办公室的生产效率是正常的2/3，甚至更少。因此，如果此时你仍能坚守工作岗位，就会令老板对你的印象深刻。

因此，你一定要记住，主管不在时仍要维持高生产效率。事实证明，老板最可能监控员工在他不在时的表现了。

4. **照着做**。维持生产效率不仅能让老板对你刮目相看，也能让你在最后一秒钟不必干得那么辛苦，因之压力也会降低。因此除了成为不可或缺的员工外，当老板不在时，试着将他指派的工作在他们出发前就完成。等他回来时，听到你报告“指派的工作已经完成了”，他肯定会感到欣慰。

5. **把荣耀归给大家**。把工作成果归功于众人可让你往后工作得更顺利。当你说“这都是大家一起努力的成果”时，你的上司应会本能地察觉到，

一定是有什么人领导有方才会有那样的成果。因此把荣耀归给大家更有助于你往后的工作。

6. **给上司面子**。和上面一条同样的道理，把荣耀归功给顶头上司对你也有好处。你的主管和他的主管都会对你欣赏有加。保护上司的面子最好的做法就是将你的工作有效率且彻底地完成。如果你的主管是个公平的上司，他会把这份功劳记在你头上，增加你升迁的机会。如果你的主管完全依赖你，自己没有什么能力，而且也不把功劳记在你头上，当他升官时你还是可能获得晋升。因为他心里清楚没有你的帮忙他是升不了官的，而且在今后他还需要你的帮助。

7. **帮助其他同事**。可能你只有 25 岁，可能你刚到任不过两年，这些都没有问题，凭你这些经验和成就，还是可能成为资历浅或新进员工的良师。指导可以是非正式的，你也可以选择自己有余力的时候再帮助他人。主管对于你帮助资历浅或新进员工的做法会记在心里，等到有升迁机会的时候这些就都有用了。

8. **理解公司的需求**。还有一种成为公司不可或缺的员工的方法，就是了解工作，了解部门目标和公司方针。了解你的工作应达到何种要求，并照着去做，或是视需要加以修正，避免对工作的目标发生误解。这样亦有助于了解你在公司所扮演的角色——达到工作满意度和升迁机会的要素。除此之外充分得知部门或小组目标也能指导你行动的方向。

学会调整压力

有的人心理承受能力很好，能承受超强的压力；而有的人则很脆弱，压力过重即会被压垮。所以有人说压力是个好东西，它会催人奋进，就像策马狂奔的快鞭；而有人就认为压力是坏的东西，它能让人焦虑、生病、崩溃，直至最后垮掉。

既然压力是不可避免的，那么，将压力维持在一个什么样的范围才是最

为有利的呢？这需要因人而异，因时而异。只要你觉得目前的压力还处于能催你奋进的程度，那就是适宜的。

这种观念跟汽车的油箱有点相似。每辆车的油箱容量是不一样的，而每升油所能跑的里程数也各不相同。加得太多会溢出来，就有引发火灾之虞；加得太少，又会让你感觉不便。那该加多少才合适呢？得看你开的是什么车，打算开多远。只有你自己才能拿捏得恰到好处。

压力并不像钞票那样越多越好，一旦超过平衡点之后，就是弊多于利。

通常人们所说的压力是坏的东西，指的就是压力超过了人们的承受力，是压力过大。这种反应，包括身体与心理两个层面。

假设你要去参加一个职场交际晚会，你的目标当然是想能给参加者留下深刻的印象并结成朋友。如果你能够保持一贯的良好状况，那再好不过。但是，在会前你却紧张了起来，这对你来说确实就是压力了。如果你的心情过于放松，晚会现场的气氛可能就调动不起来；而如果你的情绪过于亢奋，就容易变成晚会上的交际杀手，这会导致现场的参与者很难信任你。

一般人较常犯的错误当然是后者，结果在手忙脚乱之余是挂一漏万，却又只能悔恨地拍自己的脑袋。

如果你想要避免这种状况，就要先洞悉自己在某种特定场合下的心理状态，看看所产生的压力是否符合你的利益，无论过与不及都要调整，这样才能让你在任何情况下都有得心应手之感。

过度的压力，烦恼的心情相信谁都体验过。只要活着就有压力，都会碰到压力。当这些压力对你产生了一定的危害而你又没有办法排解时，烦恼之情便油然而生。工作取得了成绩，经济上增加了收入，也会产生烦恼。因为取得了成绩会引起不同的反应，增加的收入怎样支配亦不能随心所欲。甚至无所事事，什么都不做，就是吃了睡，睡了吃，莫名的烦恼仍然会袭上心头。因为人是有感情、有理智的，对外界的现象不可能毫无看法和情感反应。也许正是种种压力不断地袭来，才推动人不断地努力去消除这些压力，从而推动人类的不断前进。但是那些没有积极心态，只一味地沉浸在压力

的苦海中不能自拔的人，永远都不会战胜压力，压力将永远压在他心头上。

这种消极的人有三种情况：一是无故烦恼，如走路怕掉下一个广告牌砸着自己；二是小题大做，如偶遇伤风感冒就怀疑是癌症，上街怕买不到菜，出门怕搭不上车，为小小的失利惴惴不安，为一时丢了“面子”而烦恼不已；三是徒劳的烦恼，如亲友在外担心他们冻着了，孩子刚生下来就为他们的升学就业操心，担心女朋友的父母不接受自己……

可能你觉得这些事都是应该烦恼的，但实际上这些都是自寻烦恼，并且对自己、对别人都没有好处。因为经常烦恼的人易患慢性疲劳综合征。虽然没有重体力劳动之累，又无重任在肩，却老是感到疲惫不堪。尽管休息补养，却不见起色。经常为烦恼所困的人往往注意力容易分散，影响工作和学习效率，缺乏人生乐趣，更无冒险精神，事业上难有大成。并且“烦恼型”的人往往喜欢多管闲事，唠唠叨叨，爱把自己的意见强加于人。这样的人人际关系往往搞不好。如此这般造成恶性循环，你的人生还有什么意思？其实，人生就是由一连串的烦恼组成的，你如果能够接受它，尝试着去克服它，你就会在这个克服的过程中享受到其中的乐趣，比如，快乐、愉悦、幸福等。

一般人常认为，压力是源自人们内心的紧张情绪，其实这是外在力量所引起的。

生活就是压力，我们所生活的这个环境就能产生很多的压力。如果你想生活在没有压力的真空中，那是不可能的，除非你跑到外星球。因此，在面临压力时，要从自己的内心烦恼找原因。

要想真正地驱除烦恼，摆脱压力，最主要的是确立正确的人生态度。一天到晚患得患失，忧心忡忡，任由愤怒和沮丧在头脑里“大闹天宫”，这实际上就是一种不健康的心理，是一种消极的态度。其实，很多的烦恼和压力都是因为你把个人的利害关系看得过重，把自己的荣誉看得过重。只要把这种心态放平，许多烦恼就会自行消遁。

驱除烦恼、摆脱压力要建立正确的思维方法。你要懂得烦恼只是徒劳

的，没有任何积极的意义，自寻烦恼只会增加自己的痛苦。烦恼是一种消极的思考方式，当你对一种事情无能为力或者这件事情根本就不值得为之烦恼时，就更加明显了。因此，建立一种积极的思维方法有助于驱除烦恼，摆脱压力。

驱除烦恼要懂得社会和人生变化的辩证关系。生活在一个社会里，我们只是这个社会的一个细胞，要想万事顺心如意，万事都按照自己的主观意愿发展是不可能的。生活有自己的进程，是无数个事变的组合。事情的变化有时很难说是好是坏，“塞翁失马，焉知非福”，自寻烦恼毫无价值。当遇到压力时，只要不懈地努力，正面迎接压力，而不是逃避、惧怕，总是会打败它的。俗话说：“车到山前必有路。”不要把一时的压力看成永久的困难，不要把局部的压力看成总体的困难。这样，许多压力就会迎刃而解，许多烦恼也就烟消云散了。

还有一种人，凡事总想在人前而不甘在人后。当自己实力不足时，压力便产生了。有上进心是好事（上进心是推动个人和社会前进的可贵的动力），但如果对自己的期望过高，不考虑自己的实际情况，什么事都想超过别人，什么事都想做得完美无瑕，必然导致不必要的烦恼。一个人总有无能为力的时候，你硬要让自己硬顶上去，只能是自寻烦恼。所以对自己要有一个恰当地评估，对事情也要做到心中有数。如果这件事确实有必要做，而且自己又力所能及，那就尽自己最大的努力去把它做好。如果这件事可做可不做，就不要勉强自己去做，千万不要因为争强好胜而勉强自己。这样，你的这种不甘人后的烦恼也就消除了。

当你认认真真地从你的内心出发，做你应当做的事，说你应当说的话，你人生的花园就会开满鲜花。在你怡然自得的心情下，那些被你视为洪水猛兽的压力也就变成了一块块小小的绊脚石，只要经过努力就会把它们都妥善解决。

心静压力自然少

静坐是一种流行且易学的放松法，因为现代生活的压力越来越大，想要逃离压力的人越来越多，所以学习静坐的人也越来越多。

静坐是利用心灵的活动来影响身体历程的一种方法。就如同运动有益于心理健康一样，静坐也有助于身体健康。静坐的目的是使你掌握你的注意力，让你不被外在多变的环境所控制。

静坐能缓解压力，那么静坐到底有哪些好处呢？不同的静坐方式所产生的效果并不一样。而静坐者的动机和经验，也影响静坐的效果，一般情况下静坐的好处有生理益处和心理益处。

专家研究发现，静坐会使呼吸次数减少（每分钟约4~6次），皮肤带电反应减少70%，心跳次数减慢（每分钟约24次），增加脑波中的α波，并降低肌肉紧张的程度。

研究表明，有4个月以上静坐经验的人，比那些只学习一星期其他放松技巧的人，有更明显的心跳减慢现象。当他们再受到刺激时，虽然一样会心跳加快，但却比没有静坐经验或初学的人，更容易恢复正常的心跳。

皮肤带电反应与压力有关，静坐者的皮肤带电反应较少，表示所承受到的压力就较小。因此，有长期静坐经验的人，比一般人具有更稳定的自主神经系统，也更能应付压力的环境。

除了上述几种生理现象之外，静坐还会减低氧气的消耗量，增加皮肤的抵抗力，减少血液中乳酸盐的成分，减少二氧化碳的产生，此外，还会促进周边血液的循环（例如，手、足的血液流通）。

心理与生理的影响其实是很难分开来谈的，因为生理的反应多少都会影响到心理的反应。很多研究者也指出，经常静坐者的心理健康程度优于非经常静坐者。

静坐除了可以减低焦虑之外，还会增加自己的内控程度，促进自我实现，改进睡眠状况，而且在面对压力时，有更多的正向感受。因此可以减少头痛以及害怕和恐惧的程度。所以静坐者可以更有效地管理压力，并带来更多的正向经验。

学习静坐其实很容易。首先，要找个舒适、安静的地方（环境）。但是当你对静坐熟练之后，任何地方都可以进行静坐。例如，飞机上、咖啡厅、大树下，甚至公共汽车上，任何地方你都可以静坐。

当找到安静、舒适的地方之后，初学者还必须再找一张适合的椅子。因为静坐不同于睡觉，为了防止睡着，就要坐在一张直背的椅子上，它可以帮助你把腰挺直，并支撑住背部及头部。

接着坐上椅子让屁股顶着椅背，双脚略为前伸，超过膝盖，双手放在扶手或膝盖上，尽量让自己的肌肉放松。闭上双眼，当吸气时，在心中默念着“1”，吐气时则默念着“2”，不要故意去控制或改变呼吸频率，要很规律地吸气、吐气。如此持续20分钟。通常在静坐过程中不会有什么问题产生，但若感到不舒服或头昏眼花，或者有幻觉的干扰，只要睁开双眼，停止静坐就可以了。不过，这些情况是很少发生的。

静坐时还要注意以下几点：

（1）静坐以每天两次为宜，每次20分钟，起床后以及晚餐前是最佳时间。

（2）静坐可以降低新陈代谢率，但咖啡因这种刺激性物质却对静坐有副作用，咖啡因主要存在于咖啡、茶、可乐和其他饮料中，故静坐前应避免饮用此类饮料。此外，抽烟或使用类似的刺激性药物也应避免。

（3）静坐时，头不要垂下，要轻松地挺在脖子上或者靠在椅子的椅背上。因为垂头会使得头部和肩膀的肌肉不舒服、绷紧，从而达不到放松肌肉的效果。

（4）如何知道20分钟已经到了呢？你可以看看手表，在整个静坐的过程中，看一两次手表不会影响到静坐效果。若时间还没到，则继续；若时间

到了，就停止。以后静坐次数多了，自然就会产生20分钟的生物时钟。

(5)切忌用闹钟。因为静坐是让你处于很低的新陈代谢状态，闹钟声音的刺激会很大。电话也最好关掉，不要让突然的电话声惊吓到你。

(6)有时你会想到很多杂事而无法长久专心地注意呼吸，这是正常的。当你知道自己分心时，不要把注意力拉到这里，只要回复到吸气时默念着"1"，呼气时默念着"2"的状态就可以了。一些工作繁忙的人总是急着想要赶快结束这20分钟的静坐，就算勉强在静坐，也会在静坐中计划或思考问题。其实，无论你怎么想那些问题，它还是会老老实实地待在那里等你解决，还不如等你静坐完毕再去解决。在静坐时，一定要尽量放轻松，好好享受这片刻的轻松感觉，或许，在你静坐完，再去面对这些问题时，你会觉得压力已减轻许多了。

(7)不要在饭后静坐，因为在吃完东西之后，会有很多血液流往胃部。而静坐则是希望血液能在全身流动，遍布手足四肢，因此饭后静坐血液的循环差，难以达到放松的效果。

当你静坐完毕时，要让你的身体慢慢地回到正常的状况。先慢慢地睁开你的眼睛，看房间中的某个定点，再慢慢地看其他地方。然后做几次深呼吸，伸伸腰，站起来后再伸个腰。不要匆忙地站起来，否则可能会觉得疲倦，或有不放松的感觉。而且当你在血压和心跳都很慢的情况下，突然站起来可能会产生眩晕的现象。因此，切记要慢慢地使身体恢复原状。

用休息来减轻压力

任何机体处于高强度的压力之下都会面临崩溃状况，这时休息是最有效的办法。一天中多进行几次短暂的休息，做做深呼吸，呼吸一下新鲜空气，可以使你放松大脑，防止压力情绪的形成。然而许多人似乎认为没有休息、不停地工作是精力旺盛的表现。

这种想法是极其错误的，他们正在伤害他们自己的身体组织。休息能

提高工作效率；你越是长时间没有休息，你的工作效率就越低。假使你单纯地只是因为工作而无法适时休息，那么你可能需要检讨你的时间管理了。

很多人为了节省时间而不休息。其实，为了节省时间而不休息是错误的。军队里很少会持续不断地操练士兵，通常会让士兵每隔一小时休息几分钟。在这种方式下，行军时便能更迅速且走得更远。

休息的规则是"在你感到疲倦之前休息"。士兵们休息片刻后能行军达一小时之久，试试这样的方法，然后和以前比较一下，看看自己在一天中比过去多完成多少事情。

即使你休息的时间很短也没有关系。假如你能定期地休息，无论如何疲倦你都不需要太长的时间休息。定期地"休息片刻"远比一天中的一次长时间的休息有益得多。

当时间实在很紧迫，你根本不可能挪出 10 分钟或 15 分钟休息片刻时，你该怎么做呢？小憩一下也能收到休息的功用。

一段小憩是指仅持续 10～60 秒的休息。少于 10 秒的休息令人怀疑是否真正地能完全抛下工作来休息；而如果你的休息时间超过了 60 秒，那就称不上是小憩，就是休息了。

当你感觉自己的反应完全来自情绪而非理智时，不妨让自己暂停几秒钟。在这几秒钟的时间里，你可以整理自己的情绪，让自己表现得更专业化。

小憩时你要做到以下几点：

(1)隔绝任何外界会使你分心的事物。闭上眼睛，倘若它有助于隔绝外物的话。

(2)隔离任何对正在进行事件的顾虑，而专注于无杂念的思维，如倒数读秒，或去关切那些感官所能觉察却经常在一天的匆忙中被忽略的事物，如时钟的滴答声、你的呼吸声、同事的脚步穿梭声。

(3)无论你是坐着或站着，尽量保持你的背脊骨挺直。让你的肌肉放

松，你的手臂与双腿像自由落体一样垂下。身体的各部位都活动一下，找出紧张的部位，然后松弛这个部位的肌肉。

（4）调节呼吸频率，做几次深呼吸。

（5）在回到你的工作之前暂停一下，不要立刻直接地回到冲突事件中，再一次检查哪些事是必须做的，而哪些事是需要优先处理的。

睡多久才够？人与人不同。可以这样测量：如果你在不瞌睡的时候想睡，或者周末时睡到很晚，那说明你没有得到充足的睡眠。专家建议说：争取在以后的几个星期里每晚多睡一个小时，然后看看你的感觉如何。

但是，身处在压力下的人们都难以入眠。因为压力通常会导致睡眠问题，而且不良的睡眠意味着你没有精力，使你在第二天更容易感受压力。下面这些方法可以帮助你获得良好的睡眠。

（1）养成固定的就寝（与起床）习惯，如此有助于你保持你的生物钟。

（2）白天时不要喝刺激脑神经的饮料，比如，咖啡、茶等。

（3）在近傍晚的时间做些运动，以便使你的身体确实感到需要休息。

（4）在就寝前散散步。

（5）在就寝前约一个小时开始放松。

（6）不要在即将就寝前吃油腻、难以消化的食物（小点心即可）。

（7）正要就寝之前喝一杯牛奶（最好是热的）。钙质可以帮助你入睡。

（8）就寝前洗个澡让全身放松。

（9）如果你有心事，把它讲出来，或在心里盘算如何加以处理。在对处理问题的方式感到满意后再上床睡觉。

（10）在就寝前把你的想法与烦恼逐一写下来搁在一旁，等到明天早上再检讨它们。

（11）在你的床边预备笔和纸。假使你在夜晚时被一些想法所恼或突然想到一个不错的点子，你可以速记下来，然后继续睡觉。

（12）闭上你的双眼想着睡觉。脑海中描绘“呵欠”的字样，想象着打呵欠与打瞌睡的感觉。

假使你在睡觉时醒来，不要躺在床上；起床并找点事做。在你感到疲倦

时，再回到床上。当你感到压力开始升高时要学会叫停。你如果不让自己停下，就会陷得越深，压力也就上升得越快。

一个防止压力不断上升的方法是让自己停下。也就是说，当情况变得压力充塞且继续下去毫无效率时，可以采取一些事前已同意的对应行动。

比如，你可以对自己这样说："假如我发现自己感到呼吸困难时，我就停下手边的事，去散散步。"

或者你可以与他人达成协议，如"假如我们二人之中，有人感到对方变得太情绪化时，我们可以暂停，稍后再继续"。

不要低估时间对你的价值。我们经常仅仅因为四周充塞着不断发生的事而备受牵绊，在这种情况下，宁静就能够使我们自然地放松，而不一定需要什么复杂的放松技巧。

你应设法在一天中给自己留出半个小时的宁静时刻。有些人发现在下班离开办公室之前在办公室里静坐 10 分钟是有帮助的，他们可以等待搭乘电梯的高峰期过后，再以一种轻松的心情离去。

一个在律师事务所工作的律师，同时也扮演着丈夫、父亲及法律培训学校教师的角色，他在从律师事务所回到家后开始享受他的宁静时刻。他给家人的讯号是看电视，不论何时，只要他正在看电视就表示目前是"请勿打扰"的时刻。他表示，事实上他从未真正地看电视上的每一则报道，不过是借此使自己在开始另一活动前杜绝干扰，以恢复精神。

假使你有个好朋友，且共同约定了享受宁静时刻，你应该能从好朋友身上立刻看到成效。

用运动对抗压力

运动的好处在于让人的精神从其他复杂思想、工作的烦恼中暂时抽离出来，而集中在身体活动中。运动对整个健康有帮助，它可以增加你缓解压

力的能力。它也许并不是一个强有力的有效解决压力的方法，但持续性的运动可以保持健康的性格，而压力在较健康的性格中较不容易形成。运动有以下几方面的功能：

（1）每天进行适量的运动，可以增进心脏及循环系统的功能，延迟老化的现象，增加输送氧气至身体各部位的能力，强化心肌，消耗热量，并减低脂肪蛋白和血清胆固醇。

（2）运动的心理好处包括增进自尊，使别人对你有正确的评价，感觉清醒而有能力，对工作有好的态度，减少忧郁和焦虑及对管理压力得心应手。

（3）脑啡是运动时由脑释放出来的化学物质，它能产生舒适、安乐与放松的状态。

（4）倘若把心脏呼吸忍受力当做目标的话，运动的强度、频率及时间均是应该重要考虑的。

（5）有氧运动是一种长时间、运用大量肌肉组织、建立心脏血管的安适，且不需要额外大量氧气的运动。无氧运动则是短时间、高强度，且需要大量额外氧气的运动。

（6）运动训练可以通过间隔训练、连续训练或循环训练3种方式进行。

（7）假如你正在节食，那么规律而适度的运动可以消耗热量，压抑食欲，帮助减轻体重。

运动是对抗压力最简单而有效的方法之一，因为消耗体力是人类自然的发泄途径，运动之后身体会恢复正常的平衡，不但精神会觉得放松，也会感觉补充了体力。而规律且适度的运动可以增加肌肉的强度、韧性和弹性，可以减轻肌肉的紧张、痉挛、抽搐或颤抖。

目前国外出现了一种新兴的行业：运动消气中心。中心有专业教练指导，教人们如何大喊大叫、拧毛巾、打枕头、捶沙发等，做一种运动量颇大的“减压消气操”。在这些运动中心，上下左右皆铺满了海绵，任人摸爬滚打，纵横驰骋。

给压力来个有氧呼吸

做几个深呼吸，并且每次都徐缓地吐气。试着在你求助医生前，或者在你感觉已经不能承受工作压力的时候使用这个方法。

深呼吸可以减慢心跳速度，减少神经张力，降低血压。每天做10～15次深呼吸练习。另外，任何时候，当你感觉紧张或压力很大时，就做做深呼吸。让空气充满你的胸部和腹部，然后再慢慢地呼出。

控制呼吸是最容易迅速冷静下来的方法之一，它的效果在于它能够抵消部分的压力反应。当我们承受压力时，呼吸会变得较浅短而不规律。在极端的情况下，你甚至会喘息；这会立刻让你有惊惶或失控的感觉。这时候，做一个深呼吸就能够阻止这个过程的持续进行。有些人甚至发现在控制呼吸时可以帮助你想象，这样紧张会随着吐气而慢慢地消逝。

压力的条件反射会使你产生肌肉的紧缩，因此你所感受到的疼痛与劳累都不是凭空想象的。检查一下你的身体会感到紧张的部位，紧张累积的可能部位包括背部、肩部、腰部及胃部。但是，不要限定在这些部位，仔细地找出自己的身体其他感到压迫感的部位。举例来说，老师们经常会发现，当他们专注于讲课时会产生胳膊酸疼的感觉。

当你找出身体的紧张部位后，就要让身体的这些部位放松，也就是让紧张消除，并且去体会紧张逐渐逝去的感觉。

帮助肌肉放松的方法，就是慢慢地做一些伸展运动。做伸展运动的效果跟做深呼吸差不多，它可以减轻肌肉张力，加速血液在体内的循环以及帮助把氧气输送到大脑。

每天早晨起床时都来一次缓和的、适度的、给身体增加活力的伸展。弯曲脊柱可加速体内的循环。最好的伸展运动是：双手和膝盖着地，然后慢慢地用劲把背弯成弓形。保持这种姿势10秒钟，然后慢慢地放松。或将脚以肩宽分开，身体略微向前倾斜、屈膝，把你的手放在大腿中部，然后轻轻地弯

腰，保持10秒钟，再放松。再重复做。

为了深度地放松肌肉，可以请人按摩，或在家与同伴互相按摩。基本的按摩很容易进行，并且对放松相当有帮助。

不良的姿势会导致肌肉的紧张更加严重。因此，你要时常注意检查你的坐姿与站姿以及你的走路方式。在这个过程中，你要尽可能地使你的脊椎骨保持挺直的姿态。

假使你长时间地处于不舒服的伸腿姿势或坐姿，就在你的工作空间内寻求变化，甚至可以请求你的公司帮你买一张符合人体工学设计的椅子。

当你在重压下无精打采地行走时，双肩下垂使你把你的重量从身体的重心处移开，你得耗费更多的气力来保持身体的平衡。专家解释说："我们一天中搬运的物体就是我们自己的身体，只要我们保持它在我们支撑点的中心，我们就不会那么疲劳了。"

下面是一些使你的身体保持平衡的简单方法：保持你的头在骨盆上方，耳朵在肩膀上方，腰背部向前倾。如果你坐在计算机前，你的眼睛应与屏幕的中间在同一水平线上。职场的人们最好脱下高跟鞋，把沉重的手袋留在家里——因为这两样东西都会使你的体重偏离重心。

运动有助于释放压力，它有助于耗尽由压力所产生的肾上腺素。但是当情况不允许运动时，你仅坐在书桌前也可以消除许多紧张——就是把它们写下来，以信件或便条的形式，写出使你产生压力的原因。列出你所能想到的种种不满和愤怒，然后在你认为所写的信已能准确地表达你的观点而感到满意时，把它搁置在一边，第二天再来看这封信。倘若你仍然对所写的种种事情感到愤怒，你可以考虑用积极的方法来处理它们。假使你的紧张确实仅是一时的情绪反应，你便可以丢弃这封信，而不必自欺或冒犯他人。

假使你并不想把你的感觉写在纸上，那么你可以把它们拿来跟朋友讨论。对某些人而言，将感觉诉诸言语是舒解被压抑情绪最有效的方法。

"一个篱笆三个桩，一个好汉三个帮。"当今社会没有谁能够独立生存，一个人仅是社会的一个细胞而已。即使是鲁滨孙的身边也还有一个"星期五”。所以当你被压力所困扰，并苦于没有解决的办法时，不妨把问题说开来，和你的朋友共同分担，让朋友帮助你共同战胜压力，渡过难关。

某些时候，我们的确需要别人的支持，尤其是在个人面对的压力超过你所能承受的极限时。有了能够支持你的朋友，心理上自然会产生安全感、归属感、被接纳感，他们能够增加我们的自信心，也能够提供控制或解除压力可行的方法。

当我们像一个不停歇的陀螺一样应付工作时，压力会随着忙碌而加重。当然，有时工作的性质就必须以加速度来进行。但是当你快速地工作时，你可能会突然到达你的极限。

假使你真的无法休息片刻，一个解决的方法就是把你的工作节奏放慢。有一个老师在面对一个问题班级时便是用这个方法：在正常的情况下，他通常一班接着一班地赶着上课。然而，当要去问题班级上课时，他会放慢脚步走到那一班。他解释其中的原因是，由于他无法在两个班级课程的交替间休息；而放慢步调有助于他平稳情绪，并选择适当的心境去面对眼前的艰巨任务。

仔细回想一下，在你以前的生活中你曾经把你的生活节奏放慢了吗？何不限制自己为了上班赶点在高速公路开车的时速为70公里？或考虑从你的办公室慢步（而非猛冲）走到会议室。你会发现你的工作效率会更高。

身体好，压力跑

如今生活在大都市中的人们，由于工作环境的复杂性和挑战性，很容易处于一种焦虑、惶恐的状态，各种各样的事物都有可能造成心理上的压力，带来诸如心跳加速、气喘、肌肉紧张，甚至心肌梗塞、中风等一系列的健康隐患和疾病。如果你有一个健康的身体就能够很好地释放这种压力，就能够减轻这些压力对我们身心造成的侵害。

那么身体健康的标准是什么呢？它包括身体的各个系统——神经、骨骼、消化、循环、淋巴、内分泌等都运作良好。身体良好的运作状态可以保持血压和血糖度的稳定和血脂类的平衡，可以释放肌肉的紧张，使血管扩张，抑制心脏病的发生，还有助于保持关节的灵活性，防止出现紧张的僵硬。

整天只埋头于工作，如果你忽视身体的健康，事业上往往很早就会走下坡路。因为各种不同的精神压力和长期工作的疲劳会侵蚀人们的身心，让你人未老而身心已疲。相反，一个重视身体健康、爱惜生命的人，工作的时候往往会事半功倍。

其实，能够使人心情愉快地生存下去的不只是财富，还有健康。一个人只要拥有了健康的身体就拥有了天下最大的财富，健康是一切财富的源泉。健康的身体能保证你有充沛的精神，良好的精神状态会减轻压力对我们身心造成的不良影响，使我们以更好的精神状态去面对工作。

健康的身体是我们生存的基础，那么，为了保持健康的身体我们应该采取什么行动呢？事实证明：持续而科学的体育锻炼是保持健康的最好方法，以下几个方法供你参考。

1. **跑步**。长时间的跑步会增加你的肺活量和锻炼你的心脏，它可以减轻日益繁重的工作给你带来的压力。

2. **爬山**。新鲜的空气和不断地攀登有助于你保持向上的心态，并且可以锻炼腿部肌肉和关节的灵活性。

3. **游泳**。这种运动是锻炼肺活量的最有效的方法，还可以帮助你保持健康的体形。

第九章
笑对人生，做情绪的主人

我们常有心情低落的时候，这时，有人很快就找到了轻松与平静，回到原有的生活之中；有人却很难回得去，在情绪之海里面挣扎，怎么也游不到对岸，常常由于一时冲动而失去一份好工作，或者一直活在不良情绪之中。快乐可以自找，情绪可以管理。如果我们能调整、管理好自己的情绪，笑对职场，就会有色彩斑斓的人生。情绪可以决定你的命运，做好情绪管理关乎你一生的幸福及美满。

产生紧张情绪的原因

职场产生紧张的根本原因是人们感觉到的各种不同的要求，如工作中的各种要求、任务、困难、目标、需要解决的问题等，与自己能力之间的不平衡，也就是自己感到自己的各种能力（包括工作能力、经济能力、文化水平、社会地位等方面）太低，解决不了自己所面临的问题，或是完成不了自己的任务。这种不平衡由以下几个方面产生：一个人现在的生活方式与人类本身由进化而逐步适应的生活类型之间的差别过大；一个人所受的教育没有训练他去应付和面对生活中强加于他的变故，而当生活的变迁骤然来临，一定会惊慌失措；一个人面临着互相抵触的社会压力，或者被迫充当不协调的社会角色，如被埋没的人才，常常被怀才不遇感所困扰。

一般来说，抑郁型气质的人，具有内向胆怯的性格以及某些人格防御机制的人更容易产生紧张。身体体质差、不健壮、体弱多病的人，容易产生紧张感。人们在工作中遇到难以解决的相互矛盾、相互冲突的目标，容易导致当事人产生紧张。

人感到存在着威胁或是受到威胁时，容易产生紧张。产生紧张的强度与感到威胁的强度成正比。人感觉到的威胁强度取决于当事人（被威胁者）觉得自己能应付到什么程度，以及客观可能产生的伤害程度的大小。

世界著名紧张研究专家、加拿大麦克吉尔大学的汉斯·塞里耶博士认为：紧张的生理反应过程分为三个阶段，即“警戒反应”阶段、“抵抗反应”阶段和“疲惫反应”阶段。

警戒反应是一种生理上的复杂反应，是由塞里耶称之为紧张源的东西激发的。紧张源就是“产生紧张的事物”，一旦紧张源出现，警戒反应便随之发生。

警戒反应过程从生理学上讲就是肾上腺素释放到血液中。每当我们兴奋或恐惧的时候，我们都曾感到心率加快。这种突然的心跳加快，就是由于

位于肾脏上部的肾上腺分泌肾上腺素引起的。同时也发生另外一些身体变化:呼吸变急促,血液从皮肤和内脏流向肌肉和脑,结果手脚变凉了。最后,体内的营养物重新分配到在紧急关头需要做出反应的身体的其他部位,尤其是肌肉组织。

此外,人的下丘脑是激素警戒系统的关键部位,它控制像害怕、愤怒、高兴、悲伤、失望等感情。当我们的大脑记录下一个"危险"反应时,下丘脑就向位于头颅底部的脑垂体发出电化信号。脑垂体分泌出一种叫做促肾上腺皮质激素(ACTH)的物质去激活肾上腺。肾上腺接着释放一种叫做皮质激素的物质到血液中,皮质激素把信息带给了其他的腺体和器官,其他器官也开始对"危险"发生反应。

如果腺脏就此被动员起来并把红血球释放到血液中,这些新增加的红血球就把氧气和养料输送给全身其他的细胞。它们是在紧张反应的警戒阶段被用来满足身体的增长需要的。这时血液的凝固能力有所增强。而且肝脏把以蔗糖形式贮存的维生素和养料释放出去,这些养料随即被转化成身体细胞需要的养料。在警戒阶段,身体还需要大量的维生素 B、维生素 C、泛酸和其他养料。

警戒反应是一种常见的牵扯到好几个身体系统的复杂的生理反应,这些身体系统都彼此交互发生作用。假如要那个触发警戒反应的紧张源继续存在,跟着就是抵抗阶段的反应。就是全身适应性综合征的第二阶段,全身将被动员起来积极地与紧张源进行斗争。在抵抗阶段里,警戒反应和特有指标将会消失。从表面上看躯体好像恢复了正常。其实危险仍然存在,这一阶段会持续很久。如果身体过长时间地被动员起来与紧张斗争,它的能源就要耗尽,就进入了全身适应性综合征的最后阶段——疲惫阶段。身体就再次显示出与警戒反应相似的症状。更为重要的是全身适应性综合征的第三阶段已经意味着身体越来越容易患病和易发生器质性功能障碍,与紧张有关的疾病开始变得十分明显。

对此,塞里耶本人强调指出,没有灵丹妙药可以使人类完全避免全身适

应性综合征的出现。因为紧张源无所不在，紧张反应可以被范围很广的紧张源一次又一次地激发。这些紧张源有些是积极的，有些是消极的。兴奋、高兴和意想不到的幸福都可以像灾难和突然降临的悲剧一样，同样引起人们的警戒反应。科学家认为，通过适当的方法减少警戒反应的频率和强度是可能的，但不可能完全消除它。

减轻紧张情绪的方法

消除和缓解过度紧张应注意两个方面：

1. **注意预防。**即通过改变有关因素，如环境、应变能力，以预防紧张的产生。

通过改善环境来消除和缓解过度紧张。比如，办公室要注意室内的色彩搭配、温度、湿度、采光、照明、噪音等方面。其次是改善心理环境，注意防止或消除各种引起强烈矛盾、冲突和挫折的因素：一是要注意处理和调节工作单位中同事之间的人际关系等；二是注意人的需求，人有各种各样的需要，需要得不到满足，时间长了就会引起紧张；三是注意因生活负担和工作负担过重而引起的精神负担，从而导致过度紧张；四是注意性格气质倾向，一般来说，内向严肃深沉的人比外向活泼开朗的人更容易出现紧张问题。

改善和提高自身的应付能力可以缓解紧张情绪。这里所说的应付能力是指克服困难、完成任务和适应环境的能力。一是通过教育和锻炼，提高原有的能力，获得新的技能；二是锻炼和改进自己的个性特征，以适应环境变化的要求。

2. **注意医治。**即对于已经产生的紧张，从根本上消除紧张的根源，以及采取某些特殊的技术来克服过度紧张。

对产生紧张和过度紧张的外部因素与内部因素进行自我分析，是克服和消除过度紧张的前提。只有找到导致过度紧张的原因，才能有针对性地

采取措施。世界上几乎一切事物都可以成为紧张源。在特定的环境下，任何东西都可能导致紧张。由于紧张源可能潜在的范围非常广，所以我们首先要弄清是什么原因导致的紧张。通过回答下列问题，就可以基本找到导致紧张的紧张源。

外部环境存在着九种主要的紧张源。每种因素后面都有几个需要回答的问题。肯定的回答，表示该因素对你来说是潜在的紧张源。对于相同因素中几个问题的肯定回答，就预示着这种特殊的因素在你的紧张源中占较大的比重。

1. **噪声**。你在噪音环境中工作吗？你对噪音特别敏感吗？在你安静时比在活动时或在噪音环境中更加放松吗？

2. **空气污染**。你是在大城市的环境中生活或工作吗？你是在一个有许多人吸烟的环境中工作吗？你自己吸烟吗？你对吸烟会感到不快或恼怒吗？

3. **有害的光线**。白天工作时你是否感到眼睛过度劳累？你时常揉眼睛吗？当你必须完成需要用眼的任务时，你头疼吗？

4. **过度拥挤**。在你工作或生活的环境中是否有许多人挤在一个狭小的空间里？你是否因为其他人到你工作或生活的空间里来而受到干扰？

5. **消极的个人交互作用**。你在工作中与其他人是否有许多消极的交往？你与上级、同事或下级之间有矛盾和冲突吗？在家里，你是否频繁地争吵或打架？你是否花费许多时间去考虑你与别人之间的冲突或紧张？

6. **不利的工作条件**。你的工作环境太热、太冷或有其他因素致使身体不舒服吗？你感到你的工作单调或没有趣味吗？你通常是在压力下进行工作吗？

7. **主要的生活变化**。在过去两年里你是否经历了许多重要的生活变化（如新的职业、新的地理位置、丧偶、结婚或离婚）？你是否感觉你已经不能适应这些变化？你是否经常生病或是否一直患有慢性病？

8. **选择的可能性**。在工作中你是否需要做过多的决定？你的工作使你

感到非常厌烦吗？

9. **生活的角色**。在家庭里或工作中，你的角色是否对你的限制太多？你的情感交流或创造力受到这些角色的限制或压抑吗？

能够引起紧张的内部因素主要有以下几个方面。回答下面的每一个问题，并记下回答“是”的数目。

1. **营养状况**。你是否饮食毫无规律、忽饱忽饿？每天是否感觉能量水准上下波动？

2. **运动状况**。运动量是否适量并足以保持心脏、肺部的最佳状况？爬楼之后气喘吗？偶尔做运动时，你是否会“全力以赴”？

3. **体态、姿势**。能否长时间地坐着或站着？工作是否使你长时间地保持一种固定不变的姿势？工作时间或工作后是否有背痛、头痛、颈痛和腿抽筋的现象？

4. **生活节奏**。工作有紧迫感吗？工作节奏是否很快，使人出其不意？

5. **个人心理状况**。工作或生活的其他方面是否出现争议和矛盾？是否感到你必须竭尽全力地去干什么事情？是否不自爱，不自尊？是否把自己、工作、生活看得过于严肃而忽视放松了自己？是否不切实际地雄心勃勃？

6. **精神生活和创造力**。是否感到生活、工作缺少意义？你的一般活动是否显得空虚而无目的？是否克制自己的积极创造性和想象力？

7. **知觉及神经行为**。你是否属于对噪音和视觉刺激感到惊恐的那种人？乘车时是否晕眩和不舒服？

8. **个人兴趣爱好**。你是否不愿花时间为自己着想？干了使自己满意的正当行为后是否反倒觉得有犯罪感？

9. **紧张或过度紧张的预防**。克服过度紧张首先要着眼于预防。预防紧张的主要方法有神经松弛、良好的睡眠、适当的运动和均衡的营养等。

此外，神经松弛是预防过度紧张的一道防线。研究表明，松弛具有卓有成效的防御威力。在一项研究中，每天中午午休 30 分钟左右的大学生比根本不午休的学生明显少得病。另有研究表明，经常沉思的人一般睡眠很好，他们对生活中的紧张琐事更具有思想准备，并且自我感觉无论在心理还是

生理上都更加和谐一致。当我们真正地感觉神经松弛时，我们就会感到内心平静、精力集中、生活充满活力，具有强烈的追求。

值得注意的是，有相当多的人习惯于用吸烟、饮酒、喝咖啡、喝茶、药物（如毒品）等来进行"松弛"。这种"松弛"实际上是一种消极松弛，它们仅仅在表面上起到松弛的作用，但不能从根本上消除紧张，并且这种消极松弛归根到底是再制造紧张，产生额外紧张，而原来的紧张并未得到缓解。酒精是一种中枢神经系统抑制剂，当饮用到足够量时人就会产生一种欢快感。酒精时常使人产生暂时的幸福感，但同时在机体内也产生了生理上的警戒反应。咖啡和茶也是一样，它们能促使人们的中枢神经系统兴奋，产生暂时精力旺盛和舒适的快感。但从长远看，这些刺激物会消耗维生素 B、碳水化合物以及其他身体所需的用于控制紧张的营养物，从而降低控制紧张的能力。

真正的松弛状态具有这样一些主要特征：内心心境平静、和谐；心率缓慢并趋平静；呼吸深沉而宽大；肌肉弹性适度；四肢微热或舒软；身体有足够的精力供以工作。总之，当我们获取了真正成功的松弛效果时，便会感到克服了疲劳，恢复了活力。精力充沛，对工作就会有新的准备。

睡眠、运动和营养对于预防紧张具有非常重要的作用。控制生物活动的大脑，要求休息以保持自身的平衡，而绝大部分休息是靠睡眠获得的。如果睡眠时间太短，时断时续或常常被打扰，那么醒来之后就会感到烦躁、疲惫、头脑昏昏欲睡。其原因是没有得到充分休息和睡眠的大脑，不能保持有效发挥正常作用所需的生化学和电学上的平衡。只有熟睡，效果才好。绝大多数人需要有 6～8 小时的熟睡时间。间断和不完整的睡眠会引起发泄愤懑和生理不平衡。难以入睡、失眠或早醒都可能是紧张的征兆。值得注意的是，睡眠时间过长也可能是引起神经性疾病的征兆。

运动对于身体的价值如同睡觉对于身体那样重要，通过运动产生的身体极度兴奋对紧张有减缓作用。正如睡觉一样，运动也能恢复能量的储存，能减少紧张和其他疾病。由运动带来的身体上的舒适感使人产生积极的自我设想，促使自己对生活采取积极的态度掌握自己的命运，产生了更高程度

的自尊和自爱。与其他人一起参加运动锻炼，能产生内在的相互支持；与同事、朋友、家人、孩子一起运动能增强积极的集体感和生活乐趣。因此，除了运动所固有的优点和愉快之外，不断增强的社会相互支持将加深人的感受，并且进一步为参加运动锻炼提供动力。

除了适当的休息和运动之外，有效地抵御紧张还要依靠适当的营养，保持身体内抵抗紧张所需要的精力和能量贮藏。有益健康、对抗紧张的饮食习惯和饮食方法比什么规则都更为有用。

急躁情绪要不得

急躁情绪是主体受客体的影响而产生的一种焦躁不安的心态、一种急不可耐的情绪性反映、一种缺乏理智的表现形式。它既是人们表面的、浅层次的社会心理的一种反映，也是人们用以适应社会的一种非健康的情绪方式。

急躁是由于遇到与愿望相违背或愿望暂时难以实现并使个体行为的进步一再受到阻碍时产生的心理反映。急躁情绪是情绪中的一种，并与其他情绪一起构成人的完整心理活动。它产生于认识和活动的过程中，同时也影响着认识和活动的进行。但它又不同于认识过程，是人对客观事物和人的需要之间的关系的一种反映形式。

为了进一步说明什么是急躁情绪，下面我们试述一下急躁情绪和暴躁情绪、愤怒情绪以及焦虑情绪的联系和区别。

急躁情绪与暴躁情绪不同。从人的个性角度，可将人划分成活泼性格、沉静性格和暴躁性格三种类型。

在活泼性格中存在着轻度急躁型性格，这类性格引起的急躁情绪表现在开始时波动很大，但如果自控得当，是可以逐渐过渡到平稳状态，继而慢慢地缓和下来的。在与人交往的过程中，轻度急躁的活泼性格倾向于欢快、幽默。特点是活泼、机灵。

但是具有暴躁性格的人很难约束自己，抑制不住其急躁情绪。其表现是他们的情绪变化无常，不稳定，情感是表面的，兴趣不深入，意志不坚定，坚持不下去。常常因为缺乏修养的深度和内涵，不能长久地吸引更多的交往者。有暴躁特点的人对外界事物反应的情绪心理是不平衡的，有时妄自尊大、傲慢；有时又表现得很自卑。

在暴躁性格中有一种轻度暴躁型，尽管它和活泼性格中的轻度急躁型有共同之处，都容易与人接近，爱说话，朝气蓬勃，乐观，容易受新鲜事物的影响。但它也存在着自身的一些特性：判断很快却十分肤浅，所以常常抓不住本质，联想速度快而丰富。处在这种情况下的身心感受极好，但是兴奋的劲头一过就泄气了。情感的量不断起伏变化，明快、乐观的情感消失了，就会出现忧愁、悲伤、痛苦和不安。感到自己没出息的思想占了优势，自我评价过低会损害自己的自信心，因而经常流露出责备自己的情绪。

急躁情绪与愤怒情绪不同。愤怒是人的躯体和心理对不愉快刺激的自然反应，是人在生理和情绪上的反抗准备。由于人的主观方面，如思想、情操、人生观等，和怒气的产生及程度有很直接的关系，因此面对同样的强烈刺激，有的人怒气很大，有的人怒气较小，有的人则不易动怒。

急躁情绪与焦虑情绪不同。焦虑是在预期面临原因不明的危险处境时产生的一种紧张和不愉快的复杂情绪。

焦虑的对象常常是模糊的、不明确的，是对自己生活的某个领域，而不是某个具体的事件或对象感到不安。这一点有别于急躁，因为后者总是指向特定的对象；焦虑是一种期待性反应，是对未来感到焦虑，而不是对现在。急躁是面临外界突发的干扰和压力而产生的反应，焦虑则是内心的冲突。焦虑没有明确的对象，所以人们不能像对待急躁和愤怒那样通过与客体的接触来克服焦虑。但是，焦虑情绪也同样不单单是一种消极情绪，对于人们来说，当今社会的压力比以往更为普遍，它们持续地或周期性地向你袭来，学会利用和控制它，把它变为行动的催化剂和动力，而不应该逃避它或激化它，让它削弱你的斗志。

急躁情绪和暴躁情绪、愤怒情绪以及焦虑情绪之间虽然有本质的区别，但也存在着一定的联系：急躁情绪控制不当或任其发展下去，就会变成暴躁情绪；愤怒情绪的适度表达，是缓解压力、保持情绪平衡、减少急躁情绪产生的一条途径；急躁情绪和焦虑情绪都是由压力而引起的，而“做计划”则既是缓和急躁情绪的一种方法，也是避免过度焦虑的有效手段。

从急躁情绪产生的个体原因来看，有以下两个方面：

1. **由个体的偏执性格所造成的。**可能是由于在工作中个人才能的出众或社会地位的优越，往往容易形成过于争强好胜的性格，进而形成偏执性格。偏执性格的表现主要有两个方面：一是非常自负，自我评价过高，常常固执己见、独断专行，因此免不了和别人发生争吵，又不肯承认自己的过错，甚至在事实非常明显的情况下，还要强词夺理或推诿于客观原因。长期如此，别人往往不再愿意与其争辩，他反而以为别人是敬服他，更助长了偏执性格；二是过分敏感，多疑又多心，因此经常挑剔别人，人际关系紧张。对人生不正确的看法或长期处于紧张、冲突的人际环境中，也会助长其偏执性格。

2. **由于外界的某种刺激干扰，急于达到某一目标而产生的。**当然，也并不是所有的人都会产生急躁情绪，它们之间并不存在必然的因果联系，这其中还有一个思想意识修养的问题。一个人的脾气、性情和他所处的社会文化背景，所受到的家庭教养及教育方式等密切相关。

戒急戒躁有方法

急躁情绪在很大程度上是在平时工作和生活中放松对自己的克制而逐步形成的一种不良行为习惯。积习难返，一个很容易急躁的人，要想克服急躁，当然不是一朝一夕就能奏效的。长期形成的习惯，只有在长期的生活和工作中去逐步克服。因此，容易急躁的人应当做好持久不懈地克服急躁情绪的精神准备，从点滴的日常生活、工作开始克服急躁情绪，培养心境的宁

静和稳定，建立一套新的行为规则，督促自己过有秩序的生活，进行有秩序的工作。如此长期坚持，新的行为习惯逐步形成并巩固，急躁情绪才会得到克服和消除。

1. **要培养行为的计划性**。我们提倡办事应有紧张快干的作风，但是这种紧张快干并不等于仓促忙乱。我们的行动要有很强的计划性，按照计划一步一步、有条不紊地进行。事前的周密计划，是避免工作中急躁情绪的必要条件之一。许多工作中的急躁情绪，都是在事前准备不足或计划不周的情况下发生的。比如，出现事先没有料想到或没有考虑好对策的困难时容易急躁，步骤混乱、工作乱套时容易急躁，等等。如果事前有比较周密的计划，这些急躁大都是可以避免的。

2. **还要讲究办事的条理性**。条理性和计划性应当是并存的，有时情况很紧急，许多工作都需要做，这时要特别防止毫无条理地把各项工作摆到一起，杂乱无章地乱忙一通。要分清轻重缓急，先做最迫切的事。当你在做某事的时候，要集中精力、全力以赴。有的人手里在做这件事，头脑中却在想着另一些事，这件事还没做完，又急着去做那件事，眉毛胡子一把抓。这就是行动缺乏条理性，其结果是越急越糟，一件事也做不好。

3. **生活要有节奏**。应当给自己规定严格的生活制度，规定每天起床、就寝、用餐、工作、学习及其他业余活动的时间，以此增强生活的规律性和节奏感。严格的生活制度和生活秩序，正确的工作制度和工作秩序，对于帮助我们形成条理性和规律性，培养不慌不忙、从容不迫的行为习惯，克服急躁情绪，都有很大的作用。

“人无远虑，必有近忧。”综观古今中外，大凡成就一番事业的人，无一不是面向未来的战略家。

对于一个容易急躁的人来说，坚持过有规律的生活和进行有秩序的工作，只是一种长远的策略。除了要有这种长远的策略以外，还应当掌握一些更为具体的避免和克服急躁情绪的方法。

1. **培养韧性**。避免和克服急躁情绪的一个有效方法，就是把自己的急

躁性格磨慢、变韧。平时可以做一些需要细心、耐心和韧劲才能做好的事。有一篇小说描写了一位急性子连长，通过把衣服缝了拆、拆了再缝的针线活，来培养自己的耐心和韧劲。

2. **目标适当**。避免急躁情绪，为自己的目标确定一个合理的预期时间很重要。某项事业，你做好干十年的准备，那么一两年内碰到困难和挫折，就不会引起太大的急躁。相反，某项工作如果你准备在两三天内完成，那么，第一天碰到麻烦，你就会急躁起来。因此，要避免不应有的急躁情绪产生，我们凡事都要为自己确定合理的、适度的预期时间。有的立志当个企业家，创"惊人之举"，可也只是努力一阵子，看到收效不明显就发急，这些都是预期时间不当的缘故。而这些急躁情绪又会妨碍他们作持续的努力，最终会影响目标的实现。不管何种工作，要想取得比较突出的成就，没有长期努力是不行的。

3. **进退有节**。避免急躁情绪的产生，要靠平时的、经常的努力，不要等急躁情绪产生了，才想到克服它。应该在做工作、办事情之前，先考虑一下有无导致急躁情绪的因素，提前采取措施以预防急躁情绪的产生。例如，活动时间表的安排要留有余地，以便一旦发生了什么意外耽误了工作时，不至于焦灼不安。在考虑和制订工作方案时，应当尽量多准备几种，防止因条件限制一种方案不能实行时造成急躁。工作之余，要注意劳逸结合，张弛适度，多看一些书，也可以思考一些无关紧要、可以放松心情的事情。不要整天忙忙碌碌，紧张不已。这样可以使时间得到充分利用，从而减少急躁可能给自己带来的烦恼和不快。这种心理和躯体的调节，对于避免急躁情绪的产生是很有用的。

4. **急事冷处理**。人们在处理急事、难事时，应保持头脑冷静，在时间上以及速度上适当放缓，通过必要的推迟、等待，使事情的结局更为圆满。史载，我国古代政治家西门豹深知自己处事有急而厉的缺点，就佩带韦以提醒自己注意做到缓而圆。这说明，如果具有急躁性格的人能充分认识到自己个性的弱点，发挥主观能动性，在急躁情绪将要产生时及时修正，进行心理上的自我放松，提醒自己"不要急"，"这件事根本就不值得急"，"急躁会把

事情办坏"等,通过这种心理上的放松,使冲动和急躁的心情平静下来,待心情平静后,再从容不迫地投入到工作之中,就能收到奇效。进入工作后,急躁情绪还有可能不断地出现,因此,需要不断地进行心理上自我放松的调整,直到急躁情绪被真正克服为止。

任何事物都有正反两面、利弊之分。具有急躁情绪的人处事果断、雷厉风行,这在讲求效率、惜时如金的今天,有其可贵之处。只要他们能够坚持急之有度、急缓相宜,注意运用灵活有效的方法和策略去克服和避免急躁情绪,就会充分发挥其可贵之处,克服其产生的负面效应。

控制好你的负面情绪

人在职场的许多方面容易受到情绪的左右,有时人们做不好事情,就会归咎于"情绪不好"。在思考与计划、接受锻炼以达成某目标、解决问题等方面,情绪代表人们发挥心灵力量的极限,因而也影响人们的人生成就。所以要学会控制自己的情绪,尤其是负面情绪,这样才能用理智和冷静的态度正确地对待情绪。

情绪应该时时受到理智的支配,一个情绪太强的人很容易被认为是神经质,给别人造成一种不合群的感觉。只有言谈举止始终保持正常,在人际交往中随圆就方,才会在社会上被别人认同。人们平时所遇到的事情或大或小,或直接或间接,其中涉及原则性的问题实在没有多少,在一些无关轻重的小事上,犯不上斤斤计较,特别是感情用事。

强烈的负面情绪将破坏人们的注意力。当某种负面情绪几乎是无孔不入地凌驾于其他思绪之上,以致不断阻挠你对身边事物的注意时,表示情绪的影响已超乎了正常范围。如一个正经历离婚痛苦的人,或者其父母正要离婚的小孩,往往难以将注意力专注在日常工作上;而对一个抑郁症患者而言,自恋、绝望、无助的感觉可能会凌驾一切,在这样的情绪笼罩下,要顺利工作显然是不可能的。

地球上最快乐的人并不总是快乐的。事实上，最快乐的人也有自己的低潮、失望与心痛。通常快乐的人与不快乐的人之间的差别，并不在于他们多久低潮一次，或是低潮的程度如何，而是他们对待情绪低潮的做法。大部分人面对低潮都听之任之，不去了解并分析自己究竟出了什么差错。低潮时，就卷起袖子开始工作，逼自己走出低潮状态，结果不但解决不了问题，反而使问题更加复杂。其工作效率可想而知。

观察平和、轻松的人，便会发现他们感觉好的时候都心存感激。他们了解正负情绪会来来去去，总有一些时候，他们不会觉得如此之好。对快乐的人来说，这是必须认知的，事实本来就是如此。所以当他们感到沮丧、生气或紧张时，他们也用同样开阔的心胸和智慧来对待。他们不但没有因为感觉不好就对抗这些情绪，或感到恐慌，反而自在地接纳了这些情绪，知道这些负面情绪终会过去。这种做法让他们可以自然而然地离开负面情绪，进入心灵的正面状态。

下次自己感到难过时，不要抗拒它，试着放松自己。看看除了恐慌，是否能够保持优雅与镇定。不要对抗自己的负面情绪，只要你接纳这种情绪，并保持镇定，负面情绪就会像落日一样消失在夜幕中。

能否控制自己的情绪是一个人心理素质的体现。处变不惊，遇险不怒，是我们表现自己良好心态的机会。这也体现了一个人“情商”的高低。

当一个人无意中触痛了你的敏感之处，你就不假思索地大喊大叫，别人对你的印象还会好吗？同样，如果你只顾及自己的喜怒哀乐，非要强迫别人也同意你的观点和看法，你还能赢得别人的尊重和好感吗？

波尔和办公大楼的管理员发生了一场误会。这场误会导致了他们两人之间相互憎恨，甚至演变成了激烈的敌对状态。这位管理人员为了显示他对波尔一个人在办公室工作的不满，就把大楼的电灯全部关掉。这种情形已连续发生了几次，一天，波尔在办公室准备一篇预备在第二天使用的计划书，当他刚刚在书桌前坐好时，电灯熄灭了。波尔立刻跳起来，奔向大楼的地下室，他知道可以在哪儿找到这位管理员。当波尔到达时，发现管理员止

在忙着把煤炭一铲一铲地送进锅炉里，同时一面吹着口哨，仿佛什么事情都没有发生。

波尔立刻对他破口大骂。直到他再也找不出更多的骂人的词句，只好放慢了速度。这时候，管理员直起身体，转过头来，脸上露出开朗的微笑，并以一种充满镇静与自制的柔和的声调说道："呀！你今天有点儿激动，不是吗？"管理员的话似一把锐利的剑，一下子刺进波尔的身体。站在波尔面前的是一位普通的管理员，但他却在这场"战斗"中打败了他！更何况这场"战斗"的场合以及武器，都是波尔自己挑选的。波尔的良心受到了谴责。他知道，他不仅被打败了，而且更糟糕的是，他是主动的，又是错误的一方，这一切只会更增加他的羞辱。

波尔转过身子，以最快的速度回到办公室。当他把这件事情反省了一遍之后，他看出了自己的错误。但是，坦率地说，他很不愿意采取行动来化解自己的错误。波尔知道，自己必须向管理员道歉。最后，他费了好长的时间才下定决心，决定再次回到地下室对管理员道歉。

波尔来到地下室后，把那位管理员叫到门边。管理员以平静、温和的声调问道："你这一次想要干什么？"波尔告诉他："我是回来为我的行为道歉的——如果你愿意接受的话。"管理员脸上又露出那种微笑，说："凭着你的诚意，你用不着向我道歉。除了这四堵墙壁以及你和我之外，并没有人听见你刚才说的话。我不会把它传出去的，我也知道你也不会说出去的。因此我们不如就把此事忘了吧？"

这些话给波尔以很大的触动，因为他不仅表示愿意原谅波尔，更表示愿意协助波尔隐瞒此事。

波尔向他走过去，抓住他的手，使劲握了握。波尔不仅是用手和他握手，更是用心和他握手。在走回办公室的途中，波尔感觉心情十分愉快，因为他终于鼓起勇气，化解了自己做错的事。

之后，波尔下定决心，以后绝不再失去自制。因为当一个人不能控制自己的情绪时，他人的一个小小伎俩都能轻易地将自己打败。

在下定这个决心之后，波尔身上立刻发生了显著的变化。他的笔开始

发挥出更大的力量，他所说的话更具分量。他结交了很多朋友，敌人也相对减少了很多。这个时间成为波尔一生当中最重要的一个转折点。波尔说："这件事教导我，一个人除非先控制了自己，否则将无法控制别人。它也使我明白了上帝要毁灭一个人，必先使其疯狂这句话的真正意义。"

人们明明知道愤怒对事情于事无补，但还是很容易因为生活中的一些小事动辄勃然大怒。或门被砰然关上、玻璃被砸碎、一阵咆哮声……也许，你会为自己的暴躁脾气辩护说："人嘛，总会发火、生气的。"或者说："我要是不把肚子里的火发出来，非得憋出病不可。"话虽如此，事情过后你就会发现：愤怒的人没有理智，负面情绪控制不当，会让工作杂乱无章，没有进度，只有控制好你的负面情绪，让心安静下来才能把工作做好。

每天给自己一个希望

每天给自己一个希望，就不会有时间去抱怨，去悲哀，生命就不会浪费在一些无聊的琐事上。希望到底是什么？希望是激发我们生命激情的催化剂，是引爆我们生活潜能的导火索。

有位医生素以医术高明享誉医学界，事业蒸蒸日上。但不幸的是，就在某一天，他被诊断患有癌症。这对他不啻当头一棒，他一度情绪低落，但最终他还是接受了这个事实，而且他的心态也变得更宽容，更谦和，更懂得珍惜所拥有的一切。在勤奋工作之余，他从没有放弃与病魔搏斗。就这样，他已平安地度过了好几个年头。有人惊讶于他的事迹，就问他是什么神奇的力量在支撑着他。这位医生笑盈盈地答道：是希望。几乎每天早晨，我都给自己一个希望，希望我能多救治一个病人，希望我的笑容能温暖每个人。这位医生不但医术高明，做人的境界也很高。

生命是有限的，然而希望却是无限的。只要我们活着，就不要忘记每天给自己一个希望，给自己一个目标，也可以说给自己一点信心。这样，我们的生活就充满了生机和活力。只要每天都给自己一个希望，我们的生命便

不会浪费在一些无谓的叹息和悲哀中。

在这个世界，有许多事情是我们难以预料的。我们不能控制机遇，却可以掌握自己；我们无法预知未来，却可以把握现在；我们不知道自己的生命到底有多长，却可以安排我们现在的生活。我们左右不了变化无常的天气，却可以调整自己的心情。只要活着，就有希望。

当我们的心中充满坚毅、勇气和信心时，那些束缚、限制我们提升自我的因素将不复存在。

我们的生存状态并不能决定这一生的命运，真正决定我们命运的是，是否对自己充满了信心，是否对未来的生活充满了希望。当我们以乐观积极的态度面对自己的生存状态时，我们便开启了生命的原始动力。

我们每个人来到这个世界都是被动的，我们无从选择自己的肤色，就如同我们无法选择遗传基因中的聪明与愚笨一样，但我们可以选择对人生的态度。

在美国的纽约，有一个黑肤色的小孩，望着小贩卖的气球，心中觉得很纳闷，于是他就走过去问小贩：

"叔叔，为什么黑色气球跟其他颜色的气球一样也会升空呢？"

小贩不懂他的意思，就反问说："嘿，小朋友，你为什么要问这个问题？"

黑人小孩回答说："因为在我的印象里，黑人象征着穷、脏、乱和无知。我看到白种人、黄种人，甚至印第安人都飞黄腾达，成功致富，过着令人羡慕的生活，可是我从来没有看到一位黑人出人头地。所以当我看到红色气球、黄色气球、白色气球升空，我相信，可是我从来不相信黑色气球也会升空。我刚才真的看到了，它也能升空，所以我想来问问您。"

小贩理解了他的意思，告诉他："啊，小朋友，气球能不能升空，问题并不在于它的颜色，而是里面是不是充满了氢气，只要充满了氢气的话，不管什么颜色的气球都能升空。同样，人也是一样，一个人能不能成功跟他的肤色、性别、种族都没有关系，要看他是不是有勇气和智慧。"

正如这位小贩所说，有一天当我们心里充满了自爱、坚强、勇气、毅力这些乐观因素时，那些束缚我们上升的限制将不复存在。当我们心里充满了

悲哀、自卑、自贬、愤世不平等悲观因素时，那些束缚就会成为真的束缚，使我们不但升不起来，还会不断地沉沦。

孟子曾这样说："故天将降大任于是人也，必先苦其心志，劳其筋骨，饿其体肤，空乏其身……"

日本邮政大臣野田圣子初涉世时，在东京某个大酒店里刷厕所。上司对她的工作要求是"光洁如新"！

最初，她也苦恼、困惑，想退缩。但后来，在上司的帮助下她战胜了自己，痛下决心：就算一生刷厕所，也要做一名刷厕所中最出色的人！

从那里，她漂亮地迈出了人生的第一步。

永远不要忘了这句话：爱自己，爱自己脚下的土地，哪怕老天放弃了你，你都不要放弃自己，那么，幸福、快乐、成功就是属于你的。

不要让悲观占据你的心灵

上苍如果对你关上了一扇门，它会给你打开一扇窗。在这个世界，两种不同的人造就了两种不同的态度。悲观的人，决定了消极的态度。乐观的人，则决定了积极的态度。面对生活，悲观的人总是看到失望，甚至是绝望；相反，乐观的人却总是在失望中找到最后一线希望。下面这个故事可以帮助你更加明晰悲观和乐观的意义。

一位父亲欲对孪生兄弟做"性格改造"。一天，他买了许多色泽鲜艳的玩具给一个孩子，又把另一个孩子送进了一间堆满马粪的车库里。

第二天清晨，父亲看到得到玩具的孩子正泣不成声，便问："为什么不玩那些新玩具呢？"

"玩了就会坏的。"孩子仍在哭泣。

父亲叹了口气，走进车库，却发现那个被关在车库里的孩子正兴高采烈地在马粪里掏东西。"告诉你，爸爸，"那孩子得意洋洋地向父亲宣称，"我想马粪堆里一定还藏着一匹小马呢！"

事实上，人所处的环境和自身的遭遇无所谓好坏，问题的关键在于你如何去想。悲观的人和乐观的人的差别恰恰在于对待事情的不同看法。假如在你如饥似渴的时候，看到了半杯水，那么你是选择为自己拥有半杯水而庆幸呢，还是不停地抱怨：怎么不是一杯或一桶水呢？

一位心理学家曾经做过一个试验，他让一批学生打电话给陌生人，让他们为某赈灾机构捐款。当他们打了一两个电话而毫无结果的时候，悲观的学生说："我干不了这事。"乐观的学生则说："我要换个方法去试试。"这位心理学家认为：如果感到失望，那他就不会去掌握获得成功所必需的技能。

乐观者之所以成功是因为当事情一旦出差错时，他们总是尽力寻找出差错的原因，及时地补救。在他们看来，成功应归功于自己的努力。而悲观者则是一味地抱怨、责备自己，为什么会出差错，他们把自己的成功视为一种侥幸。悲观是事业成功道路上的有害细菌，它会不断地繁殖扩散，把人的心灵笼罩在阴影之下，使人失去进取的动力。而乐观则如同明朗天空中的阳光，给人以无穷无尽的斗志和勇气。

一定要做一个乐观的人，不要让悲观占据你的心灵。

事情没有你想象的那么糟

我们在生活中所遇到的每个问题都会在某个时间、由某个人、用某种方法给予解答。

在这个科技不断发展、竞争白热化的时代，我们每个人随时都将面临被淘汰的结果。经济危机、就业危机使我们中的一部分人陷入了无限的焦虑，甚至是恐惧，这种情绪给我们的心理施加了压力，进而导致了我们悲观绝望的心态。我们应当努力克服它，学会在黑暗中寻找光明。

生活中失败和挫折是难免的，问题的关键是当挫折和失败来临时，我们应该仔细地分析它，进而得到解决问题的方法。**千万不要放大挫折，它未必如我们想象的那么糟**，更不要把失败归结于命运，认为所有的挫折都是冥冥

之中注定的。这样在困难面前，我们会失去主动权而变得被动。

在美国的一个小镇，有一位在市场上卖香蕉的小贩，由于他人缘特别好，再加上他所卖的香蕉品质上乘，所以生意一直非常好。有一天，在市场的一个角落突然冒出了火苗，并四处燃烧起来，还好，消防车来得快，很快地把火扑灭了，所以火苗并没有烧到这位卖香蕉的小贩的摊位。但是由于温度过高，隔了没多久那些香蕉的表皮上全都长满了一些黑色的小斑点，虽然肉质并没有变坏，但是看起来总是不雅，谁还会买来吃呢?

小贩眼看着就要亏本，心中十分懊恼，问题既然发生了，总是要解决的，他相信一定会有办法，所以就趁市场重新整修之际，换了个地方，继续卖香蕉，而原来那批有黑点的香蕉他想了一个法子来促销，结果竟然还销售一空了。

原来当他一筹莫展望着香蕉的时候，突然灵感闪现，他想香蕉上长满了黑色的小斑点，远远看去就好像芝麻撒在香蕉上一样，既然如此，为什么不给它取个“芝麻蕉”的新名称，结果引起了大家的好奇，大家相信这种香蕉一定是更香更甜，味更美，所以争相购买，成了畅销品。

通过这个故事，不知你是否悟出这样一个道理:当我们在困境中，如果能保持乐观的想法，那么，我们终究会获得解决困境的方法。如果我们只盯着当时不好的局面，让困惑笼罩，我们的问题不但不会得到解决，反而会更加恶化。当我们为没有鞋穿而苦恼时，有人已失去了脚，当我们为没有脚而痛苦时，也许有人连生命都失去了。

切记:凡事往好处想。

常在商店中见到一尊佛像，但这尊佛像与其他的佛像大异其趣。他光着大肚皮坐卧于地，咧嘴露牙地捧腹大笑，看起来特别具有亲和力及喜悦感。他便是“大肚能容，了却人间多少事;满腔欢喜，笑开天下古今愁”的弥勒佛。

弥勒佛之所以令人敬服，就在于他的“豁达大度”。一件事有许多角度，如有好的一面，亦有坏的一面;有乐观的一面，亦有悲观的一面。就好比一个碗缺了个角，乍眼看之，好似不能再用;若肯转个角度来看，你将发现，那

个碗的其他地方都是好的，还是可以用的。若凡事皆能往好的、乐观的方向看，必将会希望无穷；反之，一味地往坏的、悲观的方向看，定觉兴致索然。

凡事往好的方面想，自然会心胸宽大，也较能容纳别人的意见。宽大的心胸，不但可以使人由别的角度去看事情，更能使自己过着其乐自得的日子。有一回，释尊的一位大弟子被一位婆罗门侮辱，但他对于婆罗门的辱骂只是充耳不闻，未予理会。因为他知道，一个会以辱骂别人来凸显自己的人，在个人的修养和品行上都有问题。婆罗门见到他无端地被自己辱骂，不但没有生气，而且还微笑地答辩，真不愧是圣者，终于自知理亏愤愤地离开了。这便是豁达，即佛家所谓的圆融。

我们应该效法弥勒佛笑口常开的个性，并学习他用积极开朗的态度去解决一切问题。在这充满争斗的繁华世界之中，唯有以最自然无争的态度，并处处流露服务他人的意念，才能散发人性至真、至善、至美的光明面。

西谚云："当你笑时，全世界都跟着你笑；当你哭泣时，只有你一人哭泣。"如果你想要福气儿，就在每天出门时多练习一下笑容吧！

困难中往往孕育着希望

我们要坚信：生活丢给我们一个问题，它必然会同时给我们一个解决问题的办法。

生活中我们不必总是企求万事如意、好运连连，要知道，生活就如同善变的天气一样，你无法预知会发生什么，随时都会狂风大作，暴雨不断。生活中无论什么击倒了你，你必须能重新整理自己，像一个坚强的勇者，跌倒了再爬起来，去迎接新的挑战。

困难中往往孕育了一种叫希望的东西。

琼斯是一个农民，在美国威斯康星州福特·亚特金逊附近经营一个小农场。他身体很健康，工作也很努力。但是，农场并没有让他发财，但日子还过得下去。可是，有一天，突然间发生了一件事情，使琼斯一下子陷入了

困境。琼斯患了全身麻痹症，卧床不起，几乎失去了生活能力。他的亲戚们都确信：他将永远成为一个失去希望、失去幸福的人。他可能再不会有什么作为了。然而，琼斯确实有了作为。他的作为给他带来了幸福，这种幸福是随着他事业的成功和经济的成就而来的。

琼斯用什么方法创造了这种变化呢？他应用了"积极心态"的办法。是的，他的身体是麻痹了，但是他的心灵并未受到影响。他能思考，他确实在思考，在计划。

琼斯积极的心态使他满怀希望，怀抱乐观精神和愉快情绪，把创造性的思考变为现实。他要成为有用的人，他要供养他的家庭，而不要成为家庭的负担。

他把他的计划讲给家人听。"我再也不能劳动了，"他说，"如果你们愿意，你们每个人都可以代替我的手、足和身体。让我们把农场每一块可耕的地都种上玉米，然后我们养猪，用所收的玉米喂猪。当我们的猪还幼小肉嫩时，我们把它宰掉，做成香肠，然后把香肠包装起来，注册一种商标出售。我们可以在全国各地的零售店出售这种香肠。"他接着说道："这种香肠可以像热糕点一样出售。"

这种香肠确实像热糕点一样出售了！几年后，名为"琼斯仔猪香肠"的食品竟成了家庭的必备食品，成了最能引起人们食欲的一种食品。

人生不是一帆风顺的，挫折和失败都会不期而遇，幸运和厄运同样令人刻骨铭心，难以忘怀。不论我们面临什么，都不要得意忘形或悲观绝望。有些人之所以事业有成，是因为他们在挫折面前没有放弃，而是另辟蹊径，从而走向成功。

琼斯的身体虽然瘫痪了，可他的意志却丝毫没受影响，并且乐观地对待残酷的现实。他利用自己的大脑，然后借用别人的手，依然干出了自己的一番事业。

你是否学会了在生活的困境中仍然充满希望？这是成功者和失败者的一个基本的区别，成功者永远不会失去希望，他只会坚持不懈地寻求更多的方法把事情做成。

人生短暂，苦尽才能甘来，然后是平淡、洒脱的人生。只有经历了挫折的重重考验后，你才不会轻易屈服于失败。直视人生的挫折和压力吧，因为它会让我们更加坚强。

用乐观铸造生命奇迹

在困境中，人们往往看不清楚方向，正所谓“云深不知处”，这时保持积极向上的心态更为重要。

就像这样的情况：烈日下、沙漠中，两个人艰难地走着，一个人沮丧地说：“完了，我们只有半瓶水了。”另一个却很高兴，叫道：“太好了，我们还有半瓶水啊！”

换个角度看问题会使你得到满足，会使你拥有快乐，会使你……世界只有一个，换个角度看，你就会发现美好的、与众不同的第二个世界。

吉米是美国一家餐厅的经理，他总是有好心情，当别人问他最近过得如何时，他总是有好消息可以说。

当他换工作的时候，许多服务生都跟着他从这家餐厅换到另一家，为什么呢？因为吉米是个天生的激励者，如果有某位员工今天运气不好，吉米总是适时地告诉那位员工往好的方面想。

这样的情境让人很好奇，所以有一天有人问吉米：“很少有人能够老是那样积极乐观，你是怎么办到的？”

吉米回答：“每天早上我起来后告诉自己，我今天有两种选择，我可以选择好心情，也可以选择坏心情，我总是选择好心情。即使有不好的事发生，我可以选择做个受害者，或是选择从中学习，我总是选择从中学习。每当有人跑来跟我抱怨，我可以选择接受抱怨或者指出生命的光明面，我总是选择生命的光明面。”

“但并不是每件事都那么容易啊！”那人抗议道。

“的确如此。”吉米说，“生命就是一连串的选择，每个状况都是一个选

择，你选择如何响应，你选择人们如何影响你的心情，你选择处于好心情或是坏心情，你选择如何过你的生活。”

数年后，吉米意外地做了一件人们想不到的事：

有一天，他忘记关上餐厅的后门，结果早上三个歹徒闯入抢劫，他们要挟吉米打开保险箱，由于过度紧张，吉米弄错了一个号码，造成抢匪的惊慌，开枪射击吉米。幸运的是，吉米很快地被邻居发现，紧急送到医院抢救，经过 18 个小时的外科手术，以及精心照顾，吉米终于出院了，但还有块弹片留在了他身上。

事件发生 6 个月之后，吉米的朋友问他最近怎么样，他回答：“我很幸运了。要看看我的伤痕吗？”

朋友婉拒了，但又问吉米当抢匪闯入的时候，他的心路历程。

吉米答道：“我第一件想到的事情是我应该锁后门的，当他们击中我之后，我躺在地板上，还记得我有两个选择：‘我可以选择生，或选择死。我选择活下去。’”

“你不害怕吗？”朋友问他。

吉米继续说：“医护人员真了不起，他们一直告诉我没事，放心。但是在他们将我推入紧急手术间的路上，我看到医生和护士的脸上忧虑的神情，我真的被吓着了，他们的脸好像写着‘他已经是个死人了’，我知道我需要采取行动。”

“当时你做了什么？”朋友问。

吉米说：“嗯！当时有个高大的护士吼叫着问我一个问题，问我是否会对什么东西过敏。我回答‘有’。”

“这时医生和护士都停下来等待我的回答。”

“我深深地吸了一口气喊着：‘子弹！’”

“这时医生和护士都在笑，脸上的忧虑神情都渐渐地消失了，听他们笑完之后，我告诉他们：‘我现在选择活下去，请把我当做一个活生生的人来开刀，不是一个活死人。’”

吉米能活下去当然要归功于医生的精湛医术，但同时也出于他令人惊

异的态度。我们从他身上能够学到：每天你都能选择享受你的生命，或是憎恨它。真正属于你的权利——没有人能够控制或夺去的东西——就是你的态度。如果你能时时注意这个事实，你生命中的其他事情都会变得容易许多。

换个角度看世界，世界真的会不同。积极的心态很重要，它促使我们在面对矛盾和困难的时候，可以平和地对待。事情都是有正反面的，我们只有摆正心态，才能透过现象看本质，才能险中求胜！

培养积极的人生态度

成功者之所以能成功，是因为他能始终保持积极的心态，这就是成与败的根本差异。人生的好坏，不是由命运来决定，而是由心态来决定。人们既可以用积极的心态看事情，也可以用消极的心态，但积极的心态能激发和开发潜能，而消极的心态却抑制人的潜能。

美国著名的心理专家，世界著名的潜能成功学权威安东尼·罗宾说："心态是发生在我们体内几百万条神经作用的结果，也就是说是在任何时间内的感受。我们大部分的心态都是直觉的。对于跟自己有关事物所作出的反应就叫做心态，可能会是进取的，有为的；也可能是颓丧的，受抑制的，但是很少有人想有意识地去控制它。**在追求人生目标上，会有成功与失败两种结果，差别就在于自己处于什么样的心态上。"**

人的所有行为都是发自心态的结果，当人们处在进取和颓丧两种不同的心态时，自然会有不同的信息和行为的表达。每天在人们的周围都发生着许多不同的情况，对此，用什么角度看？怎样看？对自己怎么说？如何说？都会产生不同的心态，做出不同的行为来。例如，当你的爱人晚回家，你是怎么对待他（她）的？这时你的行为几乎由你的心态而定，而你的心态又决定于内心是如何来看待他（她）迟归的理由。因此，人们要想控制并引导自己的行为，就必须首先控制和引导自己的心态。人人都能获得愉快的

心态，只要知道如何使自己觉得愉快就可以。听音乐是改变心态的好方法，因为轻松愉快的旋律可使人的精神处于放松状态；看书也是一个使人觉得愉快的方法，因为看书能使人集中注意力，同时也可以学习到许多有启发性的东西；另外，诸如出门旅游、进游泳池嬉水、参加舞会、看一部喜剧电影或电视剧、和友人下一盘棋、听听有益的录音带、洗个澡、与家人共进晚餐和聊天、搂搂孩子和爱人温存一下、找朋友谈天说地一番、独自一个人想些新点子或新观念等，这些都是使人觉得愉快的方法。当然，每一个人都有一些自己能愉快的方法，只要这些方法能给你带来愉快的感觉便成。

人生的成败关键在于心态

积极的心态是一种有效的心理工具。一个人事情做得好坏的差别不是有没有能力，而是看当时身心所处的状态（即心态）。任何时候，人的认识都受制于当时的状态，而这时的认识会影响随后的想法和做法，也就是说，一个人会有什么样的行为，与他的能力无关，而与他当时的身心所处的状态有关，因此，**要想改变自己做事的能力，首先就应该改变当时身心所处的状态。**

事实上，人们的心态在很大程度上决定了人生的成败。

我们怎样对待生活，生活就怎样对待我们。我们怎样对待别人，别人就怎样对待我们。

我们在一项任务刚开始时的心态，决定了最后有多大的成功，这比其他任何因素都重要。

人们在任何组织中的地位越高，就越能找到最佳的心态。

因此，人们说：我们的环境——心理的，感情的、精神的——完全由我们自己的心态创造。

人的心态有两种：积极心态与消极心态。

积极心态能使人充分发挥潜能、成功、快乐和健康，其特点是信心、希望、诚实、爱心、踏实等。

消极心态的特点是悲观、失望、自卑、欺骗等。消极心态能夺走人的一切，使人终生陷在谷底，即使爬到了巅峰，也会被它拖下来。

消极心态使人看不到希望，不能激发人的动力，甚至会摧毁人的信心，使希望泯灭。消极心态就像一剂慢性毒药，吃了这服药的人就会慢慢地变得意志消沉，离成功会越来越远。

每天清除思想垃圾

一个人每天都可能产生许多思想垃圾，诸如，只看到自己生命中的灰暗面，强调各种可能的困难，只看到周围的一些消极现象，从而使自己心灰意冷而产生消极心态。为了培养积极心态，每天必须清除这些思想垃圾，怀抱乐观，用笑脸看世界，用必胜的信念看未来，内心就会激发出一种强大的动力。

人的心态是可以自我控制的。**如果人们能控制并传送自我良好的心态意念，那么，人们就能不断地产生积极的正面结果，即使在成功可能性很小的情况下也能。**那些最能干的人，往往是那些在绝望的环境里，仍传送成功意念的人。他们不但鼓舞自己，而且也振奋别人，不达目的，决不罢休。

人们都希望得到快乐、喜悦、兴奋、平安，尽量远避那些挫折、愤怒、烦恼、无聊的心态。但多数人采取的方式是打开电视看些喜欢的节目，从而使自己舒坦些，或者同友人一起吃顿饭，或者吸支烟，或者到室外活动一番。这些方法对愉悦身心都有用，但却不能持久。当这些活动一结束，他们的心态依旧。因此，真正的积极心态之源泉，在于建立出一套自我心理模式，内心有一种良好的意念，而且对这种意念进行自我控制。

假如有一天早上，你看到了你的一位朋友，说："你今天看起来脸色苍白，你一定是有病了！"另一个同事也对你这位朋友说："你的样子好可怕，你赶快去医院看看吧！"接着，又一个同事对这位朋友说："你好像在发烧，精神很虚弱！"……接连几个同事都这么说，结果你这位朋友就真会生起病来。

这种精神的力量十分强大，同样一句话，被人反复诉说以后，就会变成好像是真的一样。

有一独居的老妇人，近来常失眠，每天晚上都要服下一粒安眠药才能入睡。有一天晚上，这位老妇人敲开邻居的门说："很抱歉打扰你，我实在睡不着，而且安眠药刚好吃光了，不知你家是否还有安眠药。"邻居马上回答说："我家正好有安眠药，请稍等，我马上给您拿。"于是邻居给了这位老妇人一粒大青豆。因为老妇人的视力不佳，晚上难以辨别青豆与安眠药。回到自己的房间后，老妇人心想："这是一粒特大的安眠药，效果肯定好。"这位老妇人马上服下这粒"药"，很快就入睡了，而且睡了她一生中最好的一觉。

一种心情和思想如果进入心中，就会盘踞成长。如果进入心中的是一颗消极的种子，就会生长出消极的果实；如果是一颗积极的种子，就会生长出积极的果实。所以，一个人应该天天都有积极愉快的好心情。